2023 赤泥综合利用发展报告

中国有色金属工业协会　编著

中国建设科技出版社

北　　京

图书在版编目（CIP）数据

2023赤泥综合利用发展报告/中国有色金属工业协会编著．--北京：中国建设科技出版社，2024.10.
ISBN 978-7-5160-3438-5

Ⅰ．TF821

中国国家版本馆CIP数据核字第2024QG4102号

2023赤泥综合利用发展报告
2023 CHINI ZONGHE LIYONG FAZHAN BAOGAO
中国有色金属工业协会　编著

出版发行：中国建设科技出版社
地　　址：北京市西城区白纸坊东街2号院6号楼
邮　　编：100054
经　　销：全国各地新华书店
印　　刷：北京天恒嘉业印刷有限公司
开　　本：710mm×1000mm　1/16
印　　张：8
字　　数：100千字
版　　次：2024年10月第1版
印　　次：2024年10月第1次
定　　价：198.00元

本社网址：www.jccbs.com，微信公众号：zgjskjcbs
请选用正版图书，采购、销售盗版图书属违法行为
版权专有，盗版必究。本社法律顾问：北京天驰君泰律师事务所，张杰律师
举报信箱：zhangjie@tiantailaw.com　　举报电话：（010）63567684
本书如有印装质量问题，由我社事业发展中心负责调换，联系电话：（010）63567692

《2023 赤泥综合利用发展报告》编委会

总指导 葛红林　中国有色金属工业协会
主　任 范顺科　中国有色金属工业协会
副主任 史志荣　中国铝业集团有限公司
　　　　　邓文强　山东魏桥创业集团有限公司
　　　　　皮溅清　开曼铝业（三门峡）有限公司
　　　　　徐良振　南山集团龙口东海氧化铝有限公司
　　　　　徐　昊　云南九州昊成环保科技集团有限公司
主　编 王吉位　中国有色金属工业协会
副主编 曾庆猛　中国有色金属工业协会
　　　　　高建阳　中铝山东有限公司
编　委（按姓氏笔画排序）
　　　　　马存真　有色金属技术经济研究院有限责任公司
　　　　　马连涛　山东恒远利废技术股份有限公司
　　　　　王　坤　东北大学
　　　　　王一霖　中南大学
　　　　　王明理　广西田东锦鑫化工有限公司

邓　洁	中国铝业股份有限公司
田　伟	山东海逸生态环境保护有限公司
程　钰	山东海逸生态环境保护有限公司
姚清涛	山东龙信监测科技有限公司
冯怡利	山东鲁北企业集团总公司
朱雪梅	中国环境科学研究院
任建功	山西森泽能源科技集团有限公司
刘　鹏	北京建工环境修复股份有限公司
刘万超	中铝环保节能有限公司
刘中凯	中铝郑州有色金属研究院有限公司
刘世杰	中铝山东有限公司矿业公司
刘晓明	北京科技大学
李　宇	北京科技大学
李光辉	中南大学
杨永亮	云南九州再生资源开发有限公司
张廷安	东北大学
范文峰	中铝山东有限公司
秦念勇	中铝山东有限公司
秦鸿波	杭州锦江集团
董红军	中国铝业股份有限公司赤泥技术中心

潘　皓	龙口东海氧化铝有限公司
潘晓林	东北大学

编　辑　孟跃辉　曾庆森　李秀云　张慧霞

序

赤泥大规模低成本综合利用是铝工业实现高质量发展的必由之路。在习近平生态文明思想科学指引下，中国有色金属工业协会（以下简称协会）深入贯彻建设美丽中国部署，践行新发展理念，落实国家"双碳"目标，全力推动赤泥综合利用，推动铝工业绿色低碳循环发展。

2023年，协会持续推动世界性难题——赤泥综合利用绿色发展的破解，取得了显著进步。一是突出大规模低成本的主攻方向，重点推动五大产品体系、"赤泥+"产业体系和服务体系建设，形成了多种技术路线。二是首次召开了跨行业赤泥绿色利用国际论坛，涌现了很多新观点，达成了很多新共识。三是积极承担了国家赤泥综合利用政策咨询工作，受工业和信息化部委托，完成了赤泥综合利用政策研究与三年行动实施方案编制。四是首次组织赤泥综合利用联合攻关，以"揭榜挂帅"方式层层筛选，签订了7个联合攻关项目任务书，从基础研究到产业化示范，有校企联合、院企联合及企企联合等。五是服务国家重大科技专项，参与科技部重大专项中"赤泥源头减量技术"等研究工作，赤泥综合利用得到了国家部委的高度重视以及新闻媒体的关注，国际影响力也在不断提升，越来越多的企业、院所、高校、金融机构等，加入到赤泥综合利用的"朋友圈"。在各方坚持不懈的共同努力下，我国赤泥利用总量加快提升，2023年首次超过1000万吨、利用率达9.8%，多项关键技术成果获奖，标准专利数量激增，可以预见的是，未来赤泥综合利用工作将走上发展的"快车道"。

《2023赤泥综合利用发展报告》在总结年度赤泥综合利用整体发展的基础上，结合主攻方向和技术路线，首次按照三大体系结构阐述，客观梳理现状，精准分析案例，大胆思考未来，更加系统化、体系化、科学化、精准化，希望借此抛砖引玉，开拓思路，引导行业发展。

路虽远行则将至，事虽难做则必成。希望各界各方继续在思想认识上再提升，在方法路径上再探索，在行动节奏上再加快，以"钉钉子"精神，守正创新，笃行实干，久久为功，为赤泥综合利用提出中国方案，为铝行业的绿色发展，推动中国式现代化建设做出"有色"新贡献。

中国有色金属工业协会党委书记、会长
2024 年 8 月

前　言

根据2023年重点氧化铝企业和赤泥利用企业工作会议达成的共识，结合首届"赤泥绿色利用国际论坛"的新观点、新思路，中国有色金属工业协会（以下简称协会）牵头编制完成了《2023赤泥综合利用发展报告》（以下简称报告）。报告特载了协会党委书记、会长葛红林和中铝集团原总经理刘祥民在首届赤泥绿色利用国际论坛以及赤泥绿色利用现场交流会上的讲话。报告共7个章节，在全面总结赤泥综合利用发展概况的基础上，从更全面的视角，系统阐述了产品体系、产业体系、服务体系的基本情况、发展现状、发展特点和典型案例，针对三大体系建设提出了发展建议。借此机会，报告对赤泥综合利用的典型示范企业进行了展示，以供交流和借鉴。

报告采用的数据主要来源于企业提供的基础资料、行业调研数据、国家统计局和海关总署等公开发布资料。报告编制过程中，广泛征求了氧化铝企业、赤泥利用企业、科研院所等专家学者及一线专业人员意见，协会内部也组织了多轮次讨论，经多轮次补充修订完善，凝聚了多方智慧。

报告旨在通过分析行业数据，解读政策标准，总结重要成果和经验，研究典型模式和技术路线，研判发展趋势，提出发展建议等，为国家政策制定提供依据，给企业、院所、投资人等提供参考和借鉴，引导和推动赤泥综合利用产业绿色发展。

协会高度重视报告编制工作，葛红林会长亲自担任总指导并作序，范顺科副书记任编委会主任，邀请了中铝集团、魏桥集团、开曼铝业、南山集团、云南九州等单位领导任编委会副主任，由中南大学、北京科技大学、东北大学、中铝股份、中国环科院等单位的教授、学者组成编委会和专家组。衷心感谢各参编单位的大力支持和帮助！衷心感谢各位编委会和专家组成员积极参与和辛勤付出！

不足之处，敬请斧正！

编委会

2024 年 8 月

目　　录

第一章　重要文稿特载 …………………………………………… 1
　一、集全球之力破世界难题 ………………………………… 1
　二、攻坚克难、久久为功，变碱水红山为绿水青山和
　　　金山银山 ……………………………………………… 7
　三、加快赤泥绿色利用的思考 …………………………… 13
　四、推进三大体系建设，加快赤泥绿色利用 …………… 21
　五、重点氧化铝企业和赤泥利用企业六点共识 ………… 28

第二章　发展概况 ……………………………………………… 30
　一、各级政府高度重视 …………………………………… 30
　二、行业协会强力推动 …………………………………… 36
　三、重点企业率先行动 …………………………………… 38
　四、利用企业积极建设 …………………………………… 39
　五、标准体系逐步构建 …………………………………… 39
　六、科技创新成果涌现 …………………………………… 41
　七、利用总量快速增长 …………………………………… 42

第三章　产品体系 …… 46
一、矿物提取 …… 46
二、胶凝材料 …… 48
三、建陶材料 …… 52
四、路用材料 …… 53
五、粉体材料 …… 54
六、其他应用 …… 55

第四章　产业体系 …… 57
一、赤泥＋钢铁 …… 57
二、赤泥＋建材 …… 61
三、赤泥＋交通 …… 67
四、赤泥＋粉体 …… 75
五、赤泥＋其他 …… 80

第五章　服务体系 …… 85
一、服务体系建设 …… 85
二、典型地区服务体系进展 …… 92

第六章　展望 …… 95
一、推动产品提质增量，不断丰富产品体系 …… 95
二、推动行业跨界融合，不断完善产业体系 …… 96
三、政府协会积极引领，不断提升服务体系 …… 97

第七章　部分示范企业展示 …………………………… 98
　一、中铝山东有限公司 ………………………………… 98
　二、龙口东海氧化铝有限公司 ………………………… 100
　三、山东海逸生态环境保护有限公司 ………………… 103
　四、广西田东锦鑫化工有限公司 ……………………… 105
　五、云南九州昊成环保科技集团有限公司 …………… 107
　六、北京建工环境修复股份有限公司 ………………… 110

第一章　重要文稿特载

一、集全球之力破世界难题[①]

中国有色金属工业协会党委书记、会长　葛红林

中国作为全球最大的铝生产国和消费国，一直是推动全球铝工业可持续发展的关键力量。近年来，面对复杂多变的外部环境，中国铝工业在习近平新时代中国特色社会主义思想的指引下，全面贯彻新发展理念。对内，不断强化创新驱动，加快构建新发展格局，全力推动高质量发展；对外，始终秉持开放包容、合作共赢的原则，维护世界铝产业稳定发展，筑牢全球铝产业命运共同体，取得了举世瞩目的成绩：建成了完整铝产业链供应链，是全球最具发展活力且规模最大的铝产业聚集地，已成为全球铝工业发展的重要引擎。2022年，中国氧化铝、电解铝、铝材、再生铝产量分别为8186万吨、4021万吨、4520万吨、865万吨，连续多年位居世界第一；全口径铝消费量超过5000万吨，人均铝消费达到31.5公斤，位居全球前列；电解铝深化供给侧结构性改革，确立了电解铝产能4500万吨天花板，通过实施

[①] 2023赤泥绿色利用国际论坛开幕式上的致辞

30%的出口关税，基本杜绝了中国电解铝的出口；新建单条氧化铝生产线产能规模达到120万吨，电解铝行业500kA电解槽成为主流装备，600kA生产线在全球率先产业化运行，已成为现代铝冶炼技术策源地；铝加工装备全球领先，产品标准与国际全面接轨，品类全、质量优，具有很强的竞争力；2022年中国铝材及制品出口882万吨，创历史新高，出口国家及地区超过220个；绿色化发展加速推进，吨铝综合交流电耗进一步降至13500千瓦时以下，在全球遥遥领先，已连续20年全球最低；中国电解铝行业清洁能源占比已达25.5%，比2015年提高14.1个百分点；C919、国防军工等高端产品保障能力不断提升，尤其为新赛道光伏、新能源车、电池和储能实现"换道超车"提供了强力支撑。

这些成就来之不易。但我们更应该看到，当前行业发展面临着世界经济复苏放缓，地缘政治冲突加剧、不确定难预料因素增多，经济恢复正处在波浪式发展、曲折式前进的过程。对此，我们一定要保持清醒的认识。

针对铝工业赤泥绿色利用的世界性难题，一百多年来，全球铝行业在赤泥的胶凝材料、地聚物研究、冷融合水泥、基体材料、建筑材料、功能材料、元素提取、改良土壤、原位修复等领域做了很多探索和实践。尤其是近年来，在"双碳"目标引领下，中国政府十分重视有色金属绿色低碳循环发展，特别是在《关于加快推动工业资源综合利用的实施方案》中明确要求：到2025年，力争大宗工业固废综合利用率达到57%，赤泥综合利用水平有效提高。此外，近年来国内外大型企业集团主动作为，加快推动赤泥综合利用，在科技创新和示范项目等方面积极行动、卓有成效。

（一）赤泥绿色利用已成为我国铝工业高质量发展的重要内容

赤泥绿色利用越来越受到我国各方的高度重视和关切，已成为铝工业高质量发展的重要内容。国家层面，出台了一系列政策法规，指导赤泥绿色利用规模化、产业化协同发展，全国人大执法检查和人大代表、政协委员持续关注赤泥绿色利用，提交了不少相关建议和提案，相关部委多次到协会或地方进行调研和实地考察，召开工作交流会等。行业层面，协会率先成立专门机构推进赤泥绿色利用；先后召开了两届赤泥绿色利用大会及三次专题对接会；初步建立了赤泥利用信息数据库，制定了多项赤泥利用产品标准，推动了一批示范工程建设。地方层面，赤泥绿色利用被列入黄河流域、长江经济带、广西右江等区域绿色高质量发展的重要内容，重点赤泥产区如山东省、广西壮族自治区成立了专班，贵州省成立了贵阳市赤泥综合利用研究院，加大力度推动赤泥绿色利用。

（二）赤泥绿色利用已成为我国企业积极履行社会责任的重要方面

近年来，中国氧化铝企业积极落实主体责任，在加大源头减量和分类处置力度的同时，引入合作机制，主动为利废企业创造发展条件和环境，已建成运行的赤泥绿色利用生产线20多条，其中包括选铁项目13个、胶凝材料示范项目4个，40多条道路已批量使用了赤泥路基材料，实现超千万吨的赤泥利用能力，促进了赤泥利用量加速增长。如魏桥集团合作建成运行10万吨/年磁化焙烧还原、5万吨/年胶凝材料项目及路用材料生产线；云南九州昊成环保科技集团在云南文山、广西百色和防城港合作建成了 3 个年赤泥回收铁和高铝钙共计 160 万吨的工厂。据了解，还有一些企业正在从赤泥中回收锂、钪等元素，用于生产电池级磷酸铁锂、氧化钪等产品，取得了很好的效果。2022 年中国赤泥利用量超过 800 万吨，同比增长近 40%。新形势下，做好赤泥绿色利用工作，不仅是氧化铝企业贯彻新发展理念和"双碳"目标的重要举措，还是担当历史使命和社会责任的重要方面。

（三）赤泥绿色利用在我国已形成了一批重要的研究项目和科技成果

近年来，受国家有关部门委托，我们开展了《赤泥综合利用政策研究与三年行动方案》编制工作，提出了赤泥绿色利用的发展战略，确定了三年行动目标及路径；连续两年编制发布了赤泥绿色利用发展报告；组织启动了首批九项赤泥绿色利用项目"揭榜挂帅"联合攻关；中南大学牵头、十家单位参与的"铝土矿拜耳法溶出赤泥源头减量及大规模工程示范"项目列入国家重点研发计划已全面展开；"赤泥等工业固废协同材料化全组分利用研究与实践"项目荣获中国有色金属工业科学技术奖一等奖；"赤泥分质降碱工艺技术"等 2 项技术入选《国家工业资源综合利用先进适用工艺技术设备目录》。

（四）赤泥绿色利用在国际范围内引起广泛关注，交流合作不断加强

国际铝协在 2014 年发布"铝土矿赤泥管理最佳方案"，积极推动全球赤泥的贮存、治理、利用和复垦等活动；欧盟 2020 年资助 880 万欧元启动了为期四年的"赤泥活化用于生产可持续水泥"创新行动计划联合项目；2021 年海德鲁与巴西圣保罗大学

签署了合作开发协议，研究赤泥在民用建筑中更可持续的替代方案；印度铝业与印度最大的水泥和混凝土制造商签订谅解备忘录，每年将120万吨赤泥运往该公司的14家工厂，以替代红土和石灰岩等自然矿物资源；中国企业以开放的姿态，积极参与国际先进赤泥绿色利用技术交流和推广应用。

目前全球年新增赤泥量近2亿吨，规模巨大，赤泥绿色利用率不足10%，我们的工作依然任重道远，仍面临着产业体系不够完善、产品推广应用难度大、科技创新力量不足、国际合作交流不够密切等问题，很大程度上对全球铝工业尤其是氧化铝工业高质量发展造成了严重制约。为此，我提以下三点建议：

1. 协同发展，构建上下游长期合作的稳定关系，变固废为资源

一是要从赤泥的源头减量加强技术攻关。中国铝行业企业与科研院所将加快推进国家重点研发计划项目落地，争取到2025年，实现从源头新增赤泥再减量500万吨。

二是要协同发展，构建上下游长期合作的稳定关系，变固废为资源。氧化铝企业秉持开放心态，引入合作机制，联合利废企业将赤泥作为原料标准化，并为其创造发展条件和环境，探索建立"先补贴利废企业成长、后分享协同发展成果"的上下游长期合作模式；利废企业要提高技术水平，积极开拓市场，提升产品质量和竞争力，打通下游市场应用瓶颈和障碍。

三是要积极推广新技术、新成果，加快原位修复和草地、林地、工业用地等开发利用，"变堆场为绿地，变山沟为林场"。

2. 创新驱动，联合攻关，共克难题，共享成果

赤泥利用涉及政策、技术、市场和效益等多方面因素，需要通过制度创新、科技创新、运营模式创新等综合施策，来推动赤泥大规模低成本应用。面向重点应用领域开展产学研用等联合攻关，打破多元主体协同低效、利益竞争、重复研究、成果转化难等痛点，缩短技术攻关与成果转化共享及进入产业链、供应链的中间环节，增强科技创新资源整合能力，加速培育行业一流的高精尖产业集群，营造具有更强创新力、更高附加值、更优可靠性的产业协同创新生态。形成联合攻关，共克难题，共享成果的新模式。

3. 深化国际交流，构建赤泥绿色利用全球发展共同体

本届论坛开了个好头，为促进国际间交流，深化赤泥绿色利用合作打下了良好的基础。中国有色金属工业协会支持将本次论坛办成国际年度论坛，可以在不同国家和地区轮值召开，共同打造一个常态化全球性合作交流平台。

此外，中国有色金属工业协会愿意与国际铝协等相关行业组织，以及中铝、力拓等国际大型铝企业集团合作，建立经常性的交流沟通机制，共同促进赤泥绿色利用标准体系研究、制定和互认，促进国际技术交流和成果转化，以及赤泥绿色利用产业化项目的跨国投资建设。

中国铝行业企业一定要发挥铝行业大国的责任感，勇于创新，率先垂范，走在全球赤泥绿色利用的前列。我们相信，在全球铝行业企业的精诚合作、共同努力下，一定能够解决赤泥绿色利用的世界性难题。

二、攻坚克难、久久为功，变碱水红山为绿水青山和金山银山[①]

中国有色金属工业协会党委书记、会长　葛红林

（一）2023年赤泥综合利用工作

2023年全球氧化铝产量1.44亿吨，其中我国8244万吨、国外6114万吨。2023年我国赤泥产生量约1.07亿吨，利用量1050万吨，虽然只占新增量的10%，但已经走在了国际赤泥利用的前列。

一是企业和社会各界重视程度与关注度越来越高。氧化铝企业对赤泥综合利用重要性的认识越来越深刻，主体感、使命感、责任感越来越强，随着企业，特别是上市公司ESG生态体系建设不断加强，企业更加重视社会责任以及环境治理，对赤泥综合利用起到了更大的促进作用。同时，新闻媒体及社会各界对赤泥的关注度也越来越高。

二是国家政策支持让赤泥综合利用的信心越来越强。近年来，在"双碳"目标引领下，国家出台了一系列政策法规，指导赤泥综合利用规模化、产业化协同发展。2023年，工业和信息化部组织开展了《赤泥综合利用三年行动方案》编制工作，目前已形成初稿，预计2024年将会发布。科技部、工业和信息化部共计投入近7000万元专项资金，支持赤泥综合利用重点技术研发和示范项目建设。

---

① 在赤泥绿色利用现场交流会开幕式上的致辞

三是协同攻关让赤泥综合利用的成果越来越多。经过多年的艰辛探索，已基本形成元素提取、粉体材料、胶凝材料、路用材料、建陶材料等大规模低成本的五大重点应用领域。2023 年，赤泥选铁产能达 850 万吨，回收氧化铁粉 580 万吨，占总利用量 55%；高钙铝、氧化铝、碱等元素提取 150 万吨；粉体材料 100 万吨；胶凝材料 210 万吨。2023 年下半年以来，随着铁矿石价格上涨，山东某铝企业出现了赤泥硅铁粉"产销两旺"的景象；河南某铝企氧化铁粉价格上涨数倍，给企业带来颇丰的经济效益。2023 年，为了加快攻克共性难点问题，协会以"揭榜挂帅"的形式，组织开展联合攻关，本次会上首批 7 个项目将正式签约，标志着行业在推动赤泥绿色利用中迈出了坚实的一大步。

四是我国赤泥综合利用的国际社会影响力越来越大。2023 年，在中铝集团和力拓集团积极支持下，协会与国际铝协联合举办了全球首次赤泥综合利用国际论坛，打通了国际交流渠道，搭建了国际交流合作平台，我国氧化铝企业因企施策，加大"源头减量和分类处置，因地制宜，协同联动推动赤泥综合利用"的模式得到国际社会赞赏，并启发了不少国外同行。

五是赤泥综合利用先行示范效应越来越好。国内企业积极开展合作互动，着力推动赤泥综合利用规模化、产业化。百色市促进绿色铝转型，探索赤泥综合利用路径，对赤泥进行氧化铁粉、高钙铝、水泥校正剂的提取生产。中铝集团与山东高速、山东海逸、焦作百奥恒、广东同创、河南地质院等单位合作多个项目；云南九州分别与广西华银、中铝集团合作建成运行 3 个年赤泥回收氧化铁粉和高钙铝共计 250 万吨的工厂，与国家电投合作建设的年回收 50 万吨氧化铁粉、水泥校正剂项目即将投产；南山集团开展赤泥基回填材料制备关键技术研发与回填工程示范等合作项目，取得了积极进展。

事非经历不知难，上述成绩来之不易！是党和国家高度重视支持的结果，是氧化铝企业和赤泥利用单位以及相关科研机构共同努力的结果。在此，我代表协会表示衷心的感谢！

（二）当前和今后一个时期的工作建议

赤泥综合利用虽然取得了一定成绩，但只是取得了阶段性小成效，而扩大成效，则是任重道远，唯有久久为功。

一是存量未减，增量较大。2023年我国赤泥的存量已经超过了13亿吨，因为只消纳了10%的增量，导致又新增了近1亿吨赤泥，我们必须加快扭转"老账未还，新账又添"的状况，要充满扭转的紧迫感。

二是既是热点问题，又是世界难题。从氧化铝大规模生产以来，赤泥综合利用始终是国际社会和生产企业动脑筋想办法解决的问题，不可谓不重视，也不可谓不下力气。正是因为赤泥的成分复杂、综合利用经济性差等内外技术和经济因素，至今未能找到有效的技术路径，未能突破大规模的综合利用。由此，不少企业畏难而退。

三是产业化研发刚刚起步。许多基础性、机理性的研究还很薄弱，如赤泥的碱度控制、黏度调整、水分降低难度还很大；产品应用的耐久性试验、污染控制的方法和标准仍还参照其他类似产品；产品监测周期长、应用限制多。

四是急需畅通跨行业利用。赤泥产生在氧化铝企业，综合利用产品涉及钢铁、建材、交通、化工、建筑等多个行业，但跨行业协同消化利用障碍仍然很多，赤泥综合利用产品推广难度依然较大。

五是急需专项性政策支持。赤泥作为复杂难用而且是产生量最大的固废之一，虽然近年来一些地方政府制定了一定的扶持政策，但力度参差不齐。此外，缺乏全国性的专项支持政策。

赤泥综合利用，是行业上下，长期未能解决的问题，我们要在思想认识上再提升，在方法路径上再探索，在行动节奏上再加快，咬定目标不放松，久久为功地加以解决。

对当前和今后一个时期的工作，我有以下5点建议：

1. 要深刻领会党和国家对赤泥综合利用的格外重视

随着国家生态文明建设和环境保护不断加强，社会各界和新闻媒体对赤泥越来越关注。近年来，在全国两会期间，许多代表委员就赤泥综合利用连续提交提案，呼吁国家重视并给予支持，新华社、经济日报等权威媒体也进行了专题报道，得到了党和国家领导人的高度关注，并作出重要批示。近期，国家有关部门也出台了相关政策。比如，2024年2月份，工业和信息化部印发了《工业领域碳达峰碳中和标准体系建设指南》，将赤泥分别列入原料替代的源头控制标准和产业链协同降碳标准体系，加大了对赤泥绿色利用标准化工作支持力度。又如，2024年3月份，国务院印发了《推动大规模设备更新和消费品以旧换新行动方案》，提出要把符合条件的设备更新、循环利用项目纳入中央预算内投资等资金支持范围。我们要紧紧抓住当前的政策机遇期，想国家所想，急国家所急，加快工作步伐。

2. 积极争取所在地政府对赤泥综合利用的关心和支持

近年来，广西壮族自治区印发了《减污降碳协同增效实施方案》，提出推动赤泥等工业固废资源利用或替代建材生产原料；贵州省印发了《减污降碳协同增效实施方案》，提出以赤泥等工业固废为重点，分区域、分行业推进工业固废的综合处置和循环利用；河南省印发了《固体废物综合利用产业绿色低碳高质量发展行动方案》，提出以赤泥等为重点，突破有价组分全量利用等技术，提升综合回收率，提高产品附加值。

特别是百色市政府将赤泥综合利用列为重要议事日程，出台赤泥综合利用工作方案、成立工作专班、建立生态铝重点实验室。目前百色企业已形成了以有价元素提取为主体、多途径利用的发展局面，取得一年一进步、三年一大步的成绩。2023年，百色赤泥选铁量位居全国第一，赤泥利用量超过230万吨、占全国赤泥利用量的20%之多，走在全国前列。

相比之下，仍有一些赤泥产生量大的地区，重视程度不够，政策支持不足。氧化铝企业是赤泥综合利用的主体，应积极开展政企合作，要积极向所在地政府沟通汇报，尽可能获得关心和支持。我们也呼吁有关地方政府要因地制宜、因企施策地出台支持政策，推动碱水红山的治理，造福一方百姓。

3. 氧化铝企业要切实肩负起赤泥综合利用的主体责任

2023年，我国氧化铝产量排名前十的企业分别是：中铝集团1737万吨、魏桥创业集团1650万吨、信发集团1029万吨、三门峡铝业849万吨、博赛集团400万吨、文丰集团397万吨、国家电投365万吨、东方希望285万吨、靖西天桂243万吨、南山集团168万吨，氧化铝产量的大小也意味着赤泥排放量的大小。协会对这些行业企业赤泥综合利用情况也做过初步统计和分析，发现企业之间的利用水平参差不齐、差距很大。

当前，各级政府和社会各界不断重视企业ESG生态体系建设，出台了不少严格的要求。比如，国企央企以及上市公司每年都要发布年度ESG行动报告。在新形势下，氧化铝行业要不断地增强赤泥综合利用的主体感、使命感，责任感、紧迫感，进一步加大赤泥综合利用技术研发投入和示范项目建设，龙头企业要发挥率先垂范的引领作用，带动形成全行业的治理正能量。

4. 要积极营造跨界开放、"百家争干"的良好局面

在推进赤泥综合利用工作中，我们特别倡导"企业主动、政府引导、行业推动"和"跨行业、跨专业联合攻关协同发展"以及"减量化、无害化、资源化"的三大理念，我们要通过制度创新、科技创新、运营模式创新等，探索建立长期合作模式，力争突破一些关键共性技术问题。要加强跨行业间的交流合作，联合制定赤泥利用产品标准、开展产品应用试验，共同推动赤泥利用产品在相关行业的推广应用。要促进赤泥绿色利用国际标准体系研究、制定和互认，推进国际技术交流和成果转化、产业化项目的跨国投资建设。2024年，协会仍将联合举办赤泥综合利用国际论坛，力求打造常态化的全球性合作交流平台，聚集全球的人才智慧，集成一切可联动力量。

5. 协会赤泥办要进一步发挥助推和保障作用

要认真组织好联合攻关，协调各方力量推动项目实施，激发发明更多的工艺技术，形成更多的创新成果。要加强赤泥综合利用的技术成果专利和知识产权保护，敢于伸张正义，做知识产权的维护人和保障者。要深化政策预研究，积极为国家政策部门建言献策。比如，有建议：有些地方政府已经建立了磷石膏利用的专项补贴资金，能否参照应用到赤泥综合利用。

赤泥综合利用是一个世界难题，但是一个有望攻克的难题，世上无难事，只怕有心人。我们要在赤泥综合利用的新赛道上，以科技创新驱动技术进步，以整合各方资源打造新业态、新模式、新动能、新优势，攻坚克难，久久为功，变赤泥的"碱水红山"为"绿水青山"和"金山银山"。

三、加快赤泥绿色利用的思考[①]

中国铝业集团有限公司原总经理、项目专家　刘祥民

（一）行业现状

赤泥是氧化铝工业产生的主要副产物，粒度较细，组成复杂，主要含有铝、钠、铁、钙、硅、钛等元素，各元素相对含量因矿石产地和工艺方法不同而有所差别。与普通铝硅酸盐固废相比，赤泥强碱性是综合利用难度较大的主要因素。目前，全球赤泥以安全堆存为主，随着全球氧化铝工业快速发展，赤泥已成为影响铝工业健康发展的重要课题之一，大规模绿色利用赤泥已成为社会各界密切关注的事项。

从历史上看，赤泥综合利用的研究起步并不晚。100多年前，德国科学家就发现铝硅酸盐胶凝材料的可行性。1978年，法国科学家成功制作铝硅酸盐地聚物，国际材料与结构研究实验联合会开展了这一成果应用的尝试。由于原料供应链的市场惯性及缺乏相应的外添加剂等问题，一直没有投入工业化生产。中国最早以联合法生产氧化铝，如山东铝厂、郑州铝厂都配套建设了水泥厂，与氧化铝生产同步开展赤泥作为建材原料的工业实践。近年来，在中国有色金属工业协会及国际铝协的推动下，中外科学家、实业家做了大量工作，俄罗斯、巴西、印度、澳大利亚、挪威等国家，以力拓为代表的大型企业集团积极行动，中外企业联合推动赤泥在基体材料、建筑材料、功能材料等方面的研究和应

[①] 2023赤泥绿色利用国际论坛开幕式上的主旨报告

用，取得了诸多进展。特别是中国氧化铝企业立足前端减量化、中端无害化、末端资源化（以下简称"三化"），在有价元素提取、胶凝材料、交通建筑材料、粉体材料等领域取得了长足发展。

中国现有氧化铝企业50余家，近年来，每年产生赤泥超过1亿吨。2022年，氧化铝产量约为0.82亿吨，赤泥产生量约为1.05亿吨，其中，黄河流域省份赤泥产生量近0.7亿吨；截至2022年年底，赤泥产生量累计约为13亿吨，赤泥综合利用量约为0.54亿吨，堆存量约为12.46亿吨。

中国作为全球铝工业大国，一直是推动铝工业绿色可持续发展的重要力量，在习近平新时代中国特色社会主义思想指引下，我国高度重视资源综合利用产业发展，出台了一系列政策，组织开展示范项目建设等工作，各地也陆续出台相关政策规划，大力推动赤泥等资源综合利用。行业、企业等社会各界积极行动，加大源头减量，推进钢铝等跨行业协同等实质性综合利用。

基础研究进一步夯实，"铝土矿拜耳法溶出赤泥源头减量及大规模工程示范"等相关课题已被列入国家重点科技专项并启动。"电石渣代替石灰工艺技术研究与应用""拜耳法赤泥低碳低钙综合利用新技术开发及应用"等新技术引领了行业发展；"赤泥等工业固废协同材料化全组分利用研究与实践""氧化铝赤泥深度选铁技术研究及应用"等关键技术成果获奖；"赤泥分质降碱工艺技术""烧结法配置工艺技术"2项赤泥综合利用工艺技术入选《国家工业资源综合利用先进适用工艺技术设备目录》。

大规模低成本应用的方向基本形成，山东、广西、河南等地大规模利用示范项目建成投产，典型模式彰显特色，政策法规逐步完善，标准体系正在建立，专利成果不断涌现，赤泥利用指标体系及信息数据库初步建立，利用量快速增长。2022年，我国赤泥利用量约为 800 万吨，综合利用率为 7.6%，较上年增长近 40%，主要应用在选铁、建材、路基材料等领域。其中，选铁等元素提取占比 61%；水泥掺配料等胶凝材料占比 25%；路基材料等路用材料占比 7%；陶瓷、陶粒等建陶材料占比 5%；硅铁粉、高钙铝粉等粉体材料占比 2%。

（二）现状分析

由于关键技术、竞争优势、政策法规、社会氛围等因素的影响，赤泥应用速度滞后于氧化铝发展速度，全球赤泥积累量将长期处于较高水平。

从关键技术上看，赤泥利用的理论研究引领作用突出，基本形成了多个大规模低成本应用的重点领域。但多数成果的实际应用处于起步阶段，各领域都存在技术系统提升的需要。如选铁需突破成本的挑战；路用材料产品亟待加强标准化体系化建设；胶凝材料和建材化利用需解决脱（固）碱便捷工程化的难题，加强外加剂的研究和多固废协同耦合计算模型设计。赤泥规模化系列化利用正处于"瓶颈"突破的"前夜"。

从竞争优势上看，赤泥绿色利用项目投资回收周期长、对资本的吸引力不够。对比传统材料，赤泥产品附加值低，难以形成明显优势；赤泥产出区域集中，物流成本决定了其应用半径。

从政策法规上看，推动赤泥综合利用的政策法规多数是引导性的，未充分考虑赤泥等大宗复杂难用固废的特殊性、针对性，对已有政策的解释和执行不一致。相关标准体系不完善、产品命名缺乏规范，设计施工缺乏相应规程工法，赤泥绿色综合利用还需开展一系列民主性、强制性、科学性、稳定性工作。

从社会氛围上看，跨界交流、协作少，公众对赤泥利用产品的安全性仍然存有疑虑，社会认可度不统一；跨行业应用存在

"壁垒",协同应用难度大,扩大应用受挫多,跨行业及潜在用户认可存在较多障碍。

（三）发展建议

世界百年未有之大变局,意味着我们要接受百年未有之挑战、解决百年未曾解决的难题。我们首先应着手解决"赤泥零排放"这个重大长远课题。建议构建全球化赤泥绿色利用产业体系,以提升赤泥绿色利用产业化动力。多方努力、长期坚持,按照"三化"全产业链系统理念,以推动赤泥产业化利用为核心,因企施策、协同耦合、多措并举、就近消纳,科技、政策双管齐下,跨界协作创新发展模式,加快赤泥绿色利用。建议从2024年起,开展三年行动计划,制订行动目标,出台更为积极的政策,实施针对应用的重点专项行动,系统地提高赤泥综合利用水平。

因地制宜、因企施策。一是明确处理原则,基于区域产业特色、固废资源特点和减污降碳协同增效的集群产业发展路径,对新、老赤泥进行分类处理,稳步提高综合利用能力。二是"废料变原料、原料变产品",新增赤泥根据矿石来源和工艺方法进行科学分类,按照"三化"原则利用及与现有的大工业产业体系"嫁接"变成产品,遵循"从大工业来,到大工业去"的思路,依靠技术进步做好赤泥源头减量;从铝土矿采购等原材料进厂环节,物料破碎、工艺配料等生产流程环节把关,以控制赤泥中的铬等重金属元素含量标准,通过脱碱或固碱、脱水等预处理方式,实现赤泥满足固废标准达标排放,实现无害化;通过采用现有五大应用领域技术路线和技术迭代提升,选择针对性固废,对不同类型的赤泥进行分类协同耦合利用,把赤泥做成标准化产品或者商品,变固废为资源,实现资源化。尤其要积极开展绿色建材产品认证、大规模产业化示范和工程建设,鼓励采用海外矿赤泥选铁后的尾渣与其他多固废协同耦合生产地聚物、装配式建材、复合材料等，在赤泥产出集中地生产赤泥基产品并大规模应用于工程领域。例如，在山东生产路用材料修路，在广西、云南与甘蔗滤泥等固废协同耦合后土壤化利用，在河南协同秸秆等固废耦合后修路和修复矿山等。三是"变堆场为绿地，变山沟为林场"，对存量赤泥堆场采取原位修复等技术，开发利用为草地、林地或工业用地，研究探索建设光伏项目等。

协同耦合、多措并举。一是探索建立上下游长期合作模式，赤泥产生在氧化铝行业，而消纳和利用则需要多个行业密切配合。氧化铝企业要起到表率作用，秉持开放心态，引入合作机制，因地制宜联合优势市场主体，主动介绍赤泥的性质、规模和应用环境，主动为下游企业创造发展环境、提供稳定原料，充分发挥其产品的销售能力。二是建立"命运共同体"合力组织攻关，多行业联动、跨专业配合，多固废协同耦合。围绕赤泥产品的应用市场，充分发挥国际组织、各国政府、行业协会、大型企业和专业机构作用，相关行业联合推动，形成上中下游联合体，构建命运共同体，开展全球化联合攻关，建设赤泥多元素提取、全量化利用、分质利用、复合材料、回填材料、建陶材料、土壤调理剂制备和选铁、脱碱、筑路、场坪、矿坑回填、井下充填、盐碱地改良、污染土壤修复等钢铁、交通、建筑、市政、矿山、土地、水利、港口等工程示范项目应用，加快创新成果全球化转化和共享。三是共同促进标准体系研究、制订和互认，加强对赤泥绿色利用的共性技术、基础管理、产品标准等基本条件和工艺设计、设备选型等基本要素的研究，健全赤泥绿色利用全过程标准体系，强化与应用领域标准间衔接，开展赤泥绿色利用分类评估，提高强制性标准占比。

政策扶持、加快利用。一是通过制度创新推动赤泥大规模低成本应用，建议建立跨行业督导机制，从全局整体高质量发展角度出发，开展赤泥跨行业绿色利用定期协调协商，形成全社会重视和主动配合赤泥综合利用的氛围。二是通过政策创新推动赤泥大规模低成本应用，针对赤泥等复杂难用的工业固废，制订实施在一定期限内差异化、针对性更强的专项扶持政策，并监督严格执行到位，设立赤泥绿色利用专项基金，增强赤泥综合利用产业对社会资本的影响力，加大对联合攻关项目的资金支持力度；从招投标、保险、资金、税收等方面加大支持赤泥绿色利用首台（套）重大技术装备以及产品、技术装备研发、推广应用力度，政府采购和项目建设同等条件下必须采用赤泥产品和装备。三是通过运营模式创新推动赤泥大规模低成本应用，探讨按照"谁产生谁治理"的原则建立政策倒逼机制，对氧化铝企业逐步实施"以用定产"，根据企业赤泥综合利用率决定其氧化铝许可产量，或采取其他相应的措施；督促氧化铝企业落实"三化"理念，加快技术升级，强化生产管理，突破复杂难用综合利用技术。

（四）行动计划

加快赤泥绿色利用，建议从培养产品体系、发展系统性产业和建立全球创新联盟等方面，制订实施三年行动计划，解决"拦路虎"，畅通各环节，提升综合利用水平。

培养赤泥基生态产品体系。一是产品引领，按照"三化"理念，突破技术、行业、企业、政策、标准等障碍，在赤泥重点应用领域分别建设典型示范工程，加快推进规模化、高值化利用，培养粉体材料、有价元素提取、胶凝材料、路用材料、建陶材料五大领域赤泥基生态产品体系。二是科技赋能，形成上下游联合体、产学研用命运共同体，制订近、中、远期科技研发目标，减少分散性重复性研究，每年、每一阶段组织开展联合攻关项目，并安排专项资金支持；加快建设赤泥绿色利用实验室，设立关键技术研发专项，系统开展关键技术装备攻关，赋能产业模式和路径，开发具有市场竞争力的产品和应用场景，打造产业化示范项目和产业全生命周期创新生态体系。三是标准迭代，建立完善赤泥综合利用技术规范和产品、工程建设标准，将赤泥作为原料标准化，形成赤泥基产品预处理、无害化处置、生产、产品、设计、施工、验收、检测、评价、使用维护、信息调查和碳减排核算等全过程标准体系，强化与下游应用领域标准之间的衔接，提升标准层级；修改相关标准，规范赤泥利用产品名称，与税收优惠政策目录进行对应；编制赤泥产品应用计价依据，发布赤泥产品造价信息。

建设赤泥绿色利用系统性产业。一是骨干企业带动，充分发挥赤泥利用企业主观能动性，培育选树骨干企业并给予重点扶持，加大赤泥利用企业集团式发展和上市推动力度，支持打造赤泥绿色利用产业集团及在重要铝工业地区设立基地，带动全行业创新发展。二是产业园区示范，深入推进赤泥绿色利用产业园区建设，积极借鉴政府购买服务的"江阴—清华创新引领行动计划"模式，探索形成基于区域产业特色、减污降碳协同增效的产业发展路径，推动在赤泥重点产区建设百万吨级综合利用产业园区，提高对地区经济发展的贡献度。三是供应链体系构建，选择成熟度高、经济可行、规模化利用赤泥的典型技术与产品，创新合作模式，引领带动产业体系集聚式发展，提升赤泥资源化协同利用水平；基于区域产业特色和赤泥特点，探索生态环境导向的开发模式等，构建赤泥跨产业循环链接、耦合共生的减污降碳协同增效利用格局，从而建立相对稳定的产业链供应链体系。

建立全球赤泥绿色利用创新联盟。一是纳入"一带一路"生态文明建设，氧化铝的发展增量基本都在"一带一路"国家，充分挖掘赤泥资源化禀赋，规划协同以钢铁、建材、交通、住建、市政等重点应用行业需求为导向，及早聚焦技术集成、同步产业化应用具有重要意义；要全链条、多领域全球合作创新，发掘新的增长点，规范市场秩序，形成具有社会、环境、经济价值的产业格局，打造跨行业、跨区域全球化赤泥绿色利用产业体系，定期举办国际论坛，深化国际交流合作。二是统一标准，牵头开展国际赤泥综合利用标准和碳减排规则制订，做好国内赤泥综合利用技术输出，开拓赤泥基产品国际市场。三是共享数据库，推动建设若干产业合作示范园区，推动研究成果在相关国家产业化，梳理形成典型示范项目汇编，编制典型应用场景和技术产品型谱名录，建设信息体系，建立赤泥综合利用全球信息数据库。

四、推进三大体系建设，加快赤泥绿色利用[①]

中国铝业集团有限公司原总经理、项目专家 刘祥民

（一）赤泥绿色利用几个观点

1. 赤泥绿色利用是难题也是必答题

赤泥的绿色利用是世界性难题，但必须要解决，因为是贯彻绿色发展观理念、全面提高资源综合利用率、推动氧化铝行业发展新质生产力、引领全球市场的需要。面对我国年增赤泥量超过1亿吨的巨大挑战，我们需要克服等靠的惯性思维，展示锐意创新的勇气、敢为人先的锐气、蓬勃向上的朝气解决赤泥绿色利用问题。通过开展技术进步、分类处理、示范应用、标准完善、体系构建，实干笃行，扎实写好赤泥产品生产和扩大应用这篇大文章。

2. 赤泥绿色利用有盈利风口

赤泥是氧化铝工业副产物，属于二类一般固废，其组分主要是 Fe、Si、Al 且复杂多变，实质是含碱高的无机土，附加值较低，简单加工应用就想挣大钱有难度。但随着绿色低碳发展逐渐成为共识，有理由期待某些应用市场、某个区域出现盈利风口，目前已有企业从赤泥中回收锂、钪等元素，用于生产电池级磷酸铁锂、氧化钪等产品，取得了良好的效果。随着碳汇市场的逐渐形成，赤泥绿色利用比较收益将会明显增加。

[①] 在赤泥绿色利用现场交流会上的报告

3. 赤泥绿色利用的难点是工程化产业化

赤泥绿色利用产业化关键在于科学原理、技术、工程三大要素。经过协会三年来的梳理研究，发现这个世界难题是可以解决的，赤泥是可以利用的，利用路径和应用方法已经找到，现有的技术基本可以解决赤泥产品制造过程中的质量、性能、环保等问题，但经济性要综合考虑应用领域、替代成本、区域性和客户适用性等因素。当前，我国赤泥绿色利用的水平还有待提高，存在工程组织和沟通服务等问题，需要站在用户的角度换位思考，进而提高工程化和产业化的针对性。

（二）应用领域逐步清晰，大规模低成本是行业共识的主攻方向

近年来，赤泥绿色利用的国际社会认可度不断增大，产业化发展动力不断增强。

一是国际社会关注度不断提升。2023年协会和国际铝协共同主办国际会议，力拓集团积极参与，并与国内专家企业进行深度交流。欧盟2020年资助880万欧元启动了为期四年的"赤泥活化用于生产可持续水泥"创新行动计划联合项目；2021年海德鲁与巴西圣保罗大学签署了合作开发协议，研究赤泥在民用建筑中更可持续的替代方案。

二是得到了党和国家领导人高度关注，我国相关部门和各地政府高度重视，国家发展改革委将赤泥绿色利用列入产业结构调整指导鼓励类目录，工业和信息化部组织开展赤泥综合利用政策研究，生态环境部发文支持赤泥在水泥行业应用。科技部与工业和信息化部共投入近7000万元支持重点技术研发和产业化示范工程建设。重点氧化铝企业所在地政府陆续出台政策规划，将赤

泥绿色利用列入区域绿色高质量发展重要内容，如百色市出台了赤泥综合利用工作方案，推动形成规模化产业园区。

三是重点企业率先行动。中铝集团、广西华银等带动全国大规模利用示范项目建成投产超过20项，包括选铁项目15个、胶凝材料项目4个，形成了钢铝协同选铁850万吨的产能，40多条道路已批量使用赤泥路基材料。广西华银与云南九州合作建成了国内最早一批400万吨/年赤泥选铁、350万吨/年赤泥选高钙铝项目，中铝广西分公司投资4亿元建成360万吨/年处理能力赤泥选铁项目、与科研院所联合攻关建设了1.5千米赤泥基试验路段。

四是技术不断突破。"赤泥分质降碱工艺技术"等2项赤泥利用技术入选《国家工业资源综合利用先进适用工艺技术设备目录》，"赤泥等工业固废协同材料化全组分利用研究与实践"等关键技术成果获奖，其中行业科技奖一等奖1项、三等奖2项，省级科技奖二等奖1项。

五是媒体广泛关注。赤泥绿色利用工作得到了新华社、经济日报、中国环境报等重要新闻媒体关注，刊发与转载30余篇相关报导，其中新华社5篇、经济日报3篇。

协会在赤泥绿色利用方面做了大量工作，经过深入调研发现，能够大规模低成本利用赤泥的主要有五大领域，分别为有价元素提取、粉体材料、胶凝材料、路用材料、建陶材料。在大家的共同努力下，2023年赤泥利用量取得1000万吨的重大突破。氧化铝企业完成赤泥预处理环节，按照废料变原料、原料变材料、材料变产品的思路，赤泥产品又可分为原料类、材料类和构件或工具类。其中广西华银与云南九州合作生产的氧化铁粉属于原料类；中铝广西分公司和广东同创等联合攻关修路使用的赤泥基路用材料、中铝山东和山东高速合作生产的赤泥基多功能胶凝材料、中铝中州和焦作百奥恒合作生产的赤泥地聚物胶凝材料属于材料类；上海外滩修建公园廊道、亭子、栏杆、扶手等与镶嵌式建筑模板使用的赤泥复合材料属于构件类。当前赤泥产生和堆存量大，综合利用正在起步，大规模低成本利用是赤泥绿色利用主攻方向。

（三）大力构建三大体系，推动赤泥大规模低成本利用

赤泥绿色利用跨越了千万吨关口，但这只是万里长征迈出了第一步，我们还需要进一步统一思想，形成合力建设三大体系，推动赤泥大规模绿色利用。

1. 推动产品增量提质，形成产品体系

一是氧化铝企业要树立赤泥就是产品的意识，从源头提升赤泥可利用性。强化氧化铝生产过程管理，严肃矿石均化和工艺制度，提升赤泥成分稳定性。氧化铝生产与赤泥利用需求紧密结合，利用源头分质处理方式，认真调控赤泥组分、赤泥含水率和赤泥碱含量，提升可利用性。推动氧化铝生产企业根据成分对赤泥进行分类，为后续综合利用提供便利。

二是丰富赤泥综合利用产品体系。积极开发赤泥综合利用产品，围绕钢铁、建材、交通、市政、矿山建设等重点行业需求，加快推动赤泥用于元素提取、粉体材料、胶凝材料、建陶材料、路用材料等产品生产，着力形成多元立体的赤泥综合利用产品体系。

三是提升产品市场竞争力。低成本就是市场竞争力。首先要把产品应用流程打通，解决能用会用问题，主要涉及生产、运输、技术、应用等环节中的环保、安全、标准、操作工法、技术规程等方面。其次要发现和寻找市场机会，进行产品替代、迭代。

2. 相关行业融合发展，构建产业体系

构建产业体系，需要上下游企业主动作为。

一是发扬先立后破精神。氧化铝企业对新老赤泥进行分类处理，有条件的企业率先实现新增赤泥能用尽用、存量赤泥原位修复，稳步提高综合利用能力。将赤泥变原料、原料变材料，延伸预处理流程，和大工业体系嫁接，降低全流程利用成本。

二是巩固交流合作内容。氧化铝企业、固废利用企业和科研院所等产学研用单位，加强对赤泥绿色利用的共性技术、基础管理、产品标准等基本条件和工艺设计、设备选型等基本要素的研究，开展赤泥绿色利用分类评估，积极开展联合攻关项目，重点做好科技成果的推广应用及产业化示范工作，形成综合利用产业链条，优化赤泥产品体系结构，最终形成产业集群。

三是开拓创新建设项目。第一，氧化铝企业要加强强链延链、延伸服务，通过主动寻找下游市场来强化一批赤泥绿色利用项目；第二，粉煤灰、脱硫石膏等固废利用企业要积极探索转型之路，实现赤泥等多固废协同利用来拓展一批赤泥绿色利用项目；第三，赤泥利用企业补充产业链，通过积极寻找上游原料来稳定一批赤泥绿色利用项目；第四，钢铁、建材等原有工业供应链环节企业，通过技改替代原料，解决销售市场问题来转型开展一批赤泥绿色利用项目；第五，高科技企业发挥独特优势，参与生产或工程施工一批赤泥绿色利用项目；第六，通过政策鼓励社会资本，使其有志于赤泥应用，并抓住新赛道风口来投资一批赤泥绿色利用项目。

3. 政府协会共同推动，建好服务体系

推动三大体系的构建，需要各级政府的积极引导。一是实施差异化专项政策。采取适应赤泥利用特点的特殊方法和策略措施，借鉴磷石膏绿色利用经验模式，如贵州省提出"以用定产"政策，湖北某市每年拿出4亿元作为磷石膏综合利用项目专项资金等。制定实施在一定期限内差异化、针对性更强的专项扶持政策。二是压实各级政府尤其是县级政府的属地责任。将赤泥综合利用率纳入各级政府和氧化铝企业高质量发展考核；建议各级政府成立跨部门联合专班，积极支持赤泥绿色利用项目立项与建设，监督激励政策执行到位，在项目行政审批、许可上开辟"绿色通道"，打造典型示范，设立产业基金，引导社会资金参与，将固废利用企业纳入绿色企业范畴，实施产品、运输和生产场所租用补贴、品牌奖励等。三是强化氧化铝生产企业主体责任。"一企一策"制定赤泥综合利用路线图，强化方案落实，有效提升赤泥综合利用水平。四是做好产品应用服务。建立平台促进技术交流和成果转化，把赤泥做成标准化产品，鼓励采用海外矿赤泥选铁后的尾渣与其他多固废协同耦合生产地聚物、装配式建材、复合材料等产品，并大规模应用于工程领域。五是逐步公布企业"白名单"。探索将年利用赤泥30万吨以上、单位产品赤泥掺比30%以上的企业纳入"白名单"管理。

推动三大体系的构建，需要行业协会积极发挥三服务的作用强力推动。一是强化创新支撑。凝聚行业创新力量，聚焦长期困扰相关传统产业转型升级的基本问题、围绕赤泥绿色利用和协同处置的关键技术与装备、大规模低成本消纳示范等方向，面向重点应用领域需求，支撑培育行业一流的产业集群和新业态，营造具有更强创新力、更高附加值、更优可靠性的产业协同创新生态。二是建立交流合作机制。通过召开现场交流会等，深化企业间交流合作，充分发挥行业协会的典型发现、培养、总结、推广等指导引领作用，向钢铁、水泥企业推荐使用赤泥选铁产品，向建材、交通行业推荐低碳绿色赤泥产品。将赤泥作为原料标准化，健全完善赤泥绿色利用全过程标准体系，强化与应用领域标准间的衔接，提高强制性标准占比。三是宣传扩大影响。通过定期组织行业会议和活动，宣贯产业政策，增进行业共识，树立行业信心。创新宣传模式，系统利用媒体工具进行行业宣传策划，从重点企业、重点领域进展，重要研究成果，典型模式经验，工艺技术等方面，加大赤泥产品无害化、环保化知识的普及教育、宣传推广、示范引导力度。

让我们紧扣科技创新核心要素，在固长板、补短板、锻新板上狠下功夫，发挥行业优势，扎实有效地构建三大体系，以高度的历史自觉壮大赤泥绿色利用产业，推动铝产业加快发展新质生产力。

五、重点氧化铝企业和赤泥利用企业六点共识

2023年11月29日,中国有色金属工业协会(以下简称协会)在河南省郑州市组织召开重点氧化铝企业和赤泥利用企业工作会议。协会党委副书记范顺科出席并主持会议。中国铝业集团有限公司、山东魏桥创业集团有限公司、信发集团、杭州锦江集团有限公司、国家电投集团铝电投资有限公司、南山集团、山东鲁北企业集团总公司、河北文丰实业集团有限公司、山西森泽能源科技集团有限公司、九龙万博新材料科技有限公司、宝武集团环境资源科技有限公司、山东海逸生态环境保护有限公司、云南九州昊成环保科技集团有限公司、广东同创科鑫环保有限公司、郑州市嵩鼎企业集团有限公司、河南郑赛修护技术有限公司、山东恒远利废技术股份有限公司、河南省地质研究院等18家重点氧化铝企业和赤泥利用相关企业以及河南省有色金属行业协会等参加会议。会议聚焦中国铝工业高质量发展,重点围绕赤泥绿色利用达成六点共识。

一是"变堆场为绿地,变山沟为林场"。各氧化铝企业要因地制宜、因企施策,对新老赤泥进行分类处理,稳步提高综合利用能力,尤其对存量赤泥堆场要采取原位修复等技术,开发利用成草地、林地或工业用地,研究探索建设光伏项目等。

二是"废料变原料、原料变产品"。氧化铝企业要联合利废企业对新增赤泥做好预处理,将赤泥作为原料标准化,共同推动赤泥产品的下游开发利用,跟现有的大工业产业体系"嫁接",将赤泥变成产品,做到"大工业来大工业去"。进一步探索建立由氧化铝企业"先补贴利废企业成长、后分享协同发展成果"的上下游长期合作模式。

三是氧化铝企业、利废企业和科研院所等产学研用上下游单位,积极参与政府或者协会组织开展的赤泥绿色利用联合攻关项

目。重点做好科技成果的推广应用及产业化示范工作。

四是提高全社会对赤泥的正确认识。力争在2025年，通过源头减量减少新增赤泥500万吨，赤泥利用量超过1200万吨，比2022年增加50%以上。

五是继续争取国家发展改革委、财政部、工业和信息化部、生态环境部、科技部等有关部门政策支持。包括赤泥绿色利用项目立项、科技攻关、财税政策、标准体系以及新产品推广应用等。

六是国际论坛办成年度例会。2023赤泥绿色利用国际论坛首次举办，以后将在全球其他氧化铝主产区轮值召开，各氧化铝企业和赤泥利废企业共同参与、大力支持，推动各项任务落实落地。

会议认为，赤泥是氧化铝生产过程中产生的固体废弃物，其绿色利用直接关系到氧化铝产业高质量发展。围绕共识，与会人员纷纷表示，提高赤泥利用率，是完整、准确、全面贯彻新发展理念，落实习近平生态文明思想的重要举措。要着力在政策研究、技术攻关、国际交流合作、绿色联盟组建等方面加大力度，努力提高全球赤泥绿色利用水平，促进铝产业发展与环境保护协同推进。

图1-1 重点氧化铝企业和赤泥利用企业工作会议

第二章 发展概况

一、各级政府高度重视

党和国家领导人对赤泥综合利用给予高度关注，全国人大代表和政协委员也提出了很多议案和建议，省市各级政府积极响应国家关于赤泥综合利用的政策导向，结合本地实际情况，出台了一系列专项政策。

国家相关部委对赤泥综合利用给予政策指引和专业指导。国家发展和改革委员会将赤泥综合利用列入产业结构调整指导鼓励类目录；国家工业和信息化部节能与综合利用司深入广西、河南等赤泥产生集中地区，现场调研、考察项目、召开座谈会，了解实情听取建议，组织开展了赤泥综合利用政策研究；国家生态环境部在其印发的关于水泥等行业的环评通知文件中明确表示，支持赤泥在水泥行业应用，在保证水泥质量的前提下，提高赤泥替代石灰石比重。

重点区域布局，氧化铝企业所在地政府牵头推进赤泥综合利用工作。一是规划引领，赤泥综合利用已被列入黄河流域、长江经济带、广西右江等区域规划，作为绿色高质量发展的重要内容；二是成立专班，山东省、广西壮族自治区分别成立了赤泥综合利用专班；三是特色推进，山东省工业和信息化厅组织召开全省赤泥综合利用专班现场会议，专题研究赤泥问题；河南省有色金属行业协会对全省赤泥产生和利用情况开展全面调研，形成专题方案并与省产业链对接，中铝中州铝业获批成立了焦作市赤泥综合利用产业研究院；百色市人民政府出台了《百色市赤泥综合利用工作方案》。

赤泥综合利用主要政策文件（2023 年）见表 2-1。

表 2-1　赤泥综合利用主要政策文件（2023 年）

序号	发布机构	文件名称	文件要点
一	国家部委		
1	国家发展和改革委员会	《产业结构调整指导目录（2024 年本）》（2023 年第 7 号令）	鼓励类： 第九条第 3 点：赤泥及其他冶炼废渣综合利用； 第四十二条第 8 点："城市矿产"基地和资源循环利用基地建设，煤矸石、粉煤灰、尾矿（共伴生矿）、冶炼渣、工业副产石膏、赤泥、建筑垃圾等工业废弃物循环利用
2	工业和信息化部 国家发展和改革委员会 科技部 生态环境部	《国家工业资源综合利用先进适用工艺技术设备目录（2023 年版）》（2023 年第 15 号公告）	工业固废综合利用： 第 20 项：新型陶粒高效烧结设备及工艺技术； 第 48 项：赤泥分质降碱工艺技术； 第 49 项：烧结法配置工艺技术
3	生态环境部	《关于印发集成电路制造、锂离子电池及相关电池材料制造、电解铝、水泥制造四个行业建设项目环境影响评价文件审批原则的通知》（环办环评〔2023〕18 号）	水泥制造建设项目环境影响评价文件审批原则第七条：鼓励开展非碳酸盐原料替代，在保障水泥产品质量的前提下，提高电石渣、磷石膏、氟石膏、锰渣、赤泥、钢渣等含钙资源替代石灰石比重

续表

序号	发布机构	文件名称	文件要点
二	山西省		
1	山西省工业和信息化厅	《山西省有色金属行业转型升级2023年行动计划》	第五条：鼓励从赤泥中回收铁、碱、氧化铝、稀有稀散金属和稀贵金属等有价组分，提高矿产资源利用效率，培育新的经济增长点；鼓励氧化铝企业采用先进工艺和技术，提高氧化铝回收率，减少赤泥产生量；加强尾矿、冶炼渣、赤泥等综合利用技术研究与攻关，推动固废减量化、资源化、高值化利用，实现企业可持续发展
2	山西省工业和信息化厅	《山西省制造业绿色低碳发展2023年行动计划》	重点任务第10点：开展煤矸石、粉煤灰、脱硫石膏、冶炼渣、赤泥等固废多元素、多组分梯级利用，着力提升工业固废在生产纤维材料、微晶玻璃、超细化填料、固废基高性能混凝土、预制件、节能型建筑材料等领域的高值化利用水平
3	山西省工业和信息化厅 山西省发展和改革委员会 山西省生态环境厅	《山西省工业领域碳达峰实施方案》（晋工信节能字〔2023〕86号）	第七条第4点：落实工业资源综合利用税收优惠政策，积极推进煤矸石、粉煤灰、脱硫石膏、赤泥等大宗工业固废规模化高值化利用，开发一批工艺技术先进、能耗低、固废利用量大、附加值高的环保新型产品，拓展新型功能材料、高效节能新型建材等综合利用产品在建筑、交通等领域的应用，加快金属尾矿、赤泥综合利用技术研发

续表

序号	发布机构	文件名称	文件要点
4	山西省生态环境厅 山西省发展和改革委员会 山西省工业和信息化厅	《山西省"十四五"低碳环保产业发展规划》（晋环发〔2023〕8号）	第五章第一节：拓展工业固废综合利用途径。提升煤矸石、粉煤灰、赤泥、脱硫石膏、焦化脱硫灰、金属冶炼渣等资源综合利用水平，推进大宗工业固废高效高值化利用
三	山东省		
1	山东省人民政府	《2024年"促进经济巩固向好、加快绿色低碳高质量发展"政策清单（第一批）》（鲁政发〔2023〕13号）	第一部分第24点：围绕废钢铁、废有色金属回收加工，新能源汽车废旧动力蓄电池回收利用，赤泥等大宗工业固废综合利用，2024年建设一批省级工业资源综合利用试点基地，验收通过后给予每个基地最高不超过100万元补贴，并在全省范围内宣传推广经验做法
2	山东省工业和信息化厅 山东省发展和改革委员会 山东省生态环境厅 山东省住房和城乡建设厅	《山东省建材行业碳达峰工作方案》（鲁工信发〔2023〕8号）	重点任务第二条第1点：推动原料替代。逐步减少碳酸盐用量，水泥行业在保障产品质量的前提下，提高电石渣、磷石膏、氟石膏、锰渣、钢渣、赤泥等含钙固废资源替代石灰石比重，全面降低二氧化碳过程排放量，加快低碳水泥新品种的研发和应用
四	河南省		
1	河南省人民政府办公厅	《河南省制造业绿色低碳高质量发展三年行动计划（2023—2025年）》（豫政办〔2023〕6号）	主要任务中第七条：支持尾矿、粉煤灰、煤矸石、赤泥等工业固体废弃物规模化、高值化利用

续表

序号	发布机构	文件名称	文件要点
2	河南省工业和信息化厅	《河南省工业绿色低碳先进工艺技术装备推广应用目录》	第18项：赤泥分质降碱工艺技术；第19项：烧结法配置工艺技术
五	广西壮族自治区		
1	广西壮族自治区工业和信息化厅 广西壮族自治区发展和改革委员会 广西壮族自治区生态环境厅	《广西壮族自治区工业领域碳达峰实施方案》（桂工信能源〔2023〕685号）	重点任务中第四条第4点：以冶炼渣、赤泥、尾矿、石材加工废料、粉煤灰、工业副产石膏等大宗工业固体废物综合利用为重点，打造工业固体废物高效综合利用产业新模式
2	广西壮族自治区生态环境厅	《广西壮族自治区减污降碳协同增效实施方案》（桂环发〔2023〕21号）	第四部分第十四条：推动煤矸石、粉煤灰、尾矿、冶炼渣、赤泥等工业固废资源利用或替代建材生产原料，到2025年，新增大宗固废综合利用率达到60%，存量大宗固废有序减少
六	重庆市		
1	重庆市人民政府办公厅	《重庆市全面推进垃圾分类治理工作实施方案》（渝府办发〔2023〕97号）	第四部分第十一条：加强工业固体废物集中处置设施建设，持续推进炉渣、脱硫石膏等工业固体废物广泛利用，加快推广赤泥和磷石膏综合利用，开展钛石膏、磷石膏、电解锰渣等历史遗留渣场治理，拓展工业固体废物多元化利用途径，全面提高工业固体废物综合利用和无害化处置水平

第二章　发展概况

续表

序号	发布机构	文件名称	文件要点
2	重庆市生态环境局	《重庆市减污降碳协同增效实施方案》（渝环〔2023〕71号）	第四部分第十五条：推动磷石膏、赤泥、冶炼废渣、粉煤灰、尾矿等大宗工业固体废物资源化利用，逐步减少一般工业固体废物堆存量，鼓励扩大水泥窑协同处置规模和范围，持续推动锰污染整治。到2025年，大宗工业固体废物资源化利用率稳定在70%以上
七	贵州省		
1	贵州省工业和信息化厅 贵州省发展和改革委员会 贵州省生态环境厅	《贵州省工业领域碳达峰实施方案》（黔工信〔2023〕6号）	第二部分第七条第2点：深入推进磷石膏资源综合利用，积极推动赤泥、锰渣无害化资源化利用技术攻关
2	贵州省工业和信息化厅	《贵州省工业和信息化发展专项资金管理办法》（黔财工〔2023〕35号）	第三章第七条第6点：支持绿色发展。支持工业企业绿色化转型、清洁化生产、智能化升级改造，推动工业固体废物减量化、无害化和资源化。积极引导开发区推进工业资源综合利用基地建设，支持磷石膏、锰渣、赤泥等工业固体废物和新能源废旧动力电池、废钢铁等再生资源综合利用

续表

序号	发布机构	文件名称	文件要点
3	贵州省生态环境厅	《贵州省减污降碳协同增效实施方案》（黔环气〔2023〕10号）	第五部分第十五条第31点：在盘州、钟山、金沙、福泉、息烽、凯里、沿河、赫章等地历史遗留废弃矿山以及磷石膏、电解锰渣、电石渣、赤泥、鱼洞河流域煤矸石等堆场探索建设光伏发电、风力发电等新能源项目。 第五部分第十六条第32点：以粉煤灰、磷石膏、脱硫石膏、煤矸石、尾矿、赤泥、冶炼废渣、电解锰渣、酒糟等工业固体废物为重点，分区域、分行业推进工业固废的综合处置和循环利用
八	云南省		
1	云南省工业和信息化厅 云南省发展和改革委员会 云南省生态环境厅	《云南省工业领域碳达峰实施方案》	第八条第5点：加强工业资源综合利用。积极开展工业固体废物资源综合利用评价，推进尾矿、粉煤灰、煤矸石、工业副产石膏、冶炼渣、赤泥等大宗工业固废高值化、规模化、集约化综合利用，进一步提高大宗工业固废综合利用比率

二、行业协会强力推动

协会夯实基础，从行业发展、主要方向、重点科技、关键技术等方面开展了赤泥综合利用专题研究。协会党委书记、会长葛红林和中铝集团原总经理刘祥民分别发表署名文章《加快化解赤泥综合利用的世界性难题》和《加快赤泥绿色利用的思考》。

2023年，协会赤泥综合利用推进办公室（以下简称赤泥推进办）加强跨界交流合作，共调研或座谈46家单位，深入了解赤泥产生、利用现状，统计分析赤泥基础数据，初步建立了赤泥数据库，围绕大规模低成本消纳赤泥的方向，开展咨询服务；在广西百色市和河南郑州市先后召开了第二届赤泥绿色利用大会、2023赤泥绿色利用国际论坛，累计吸引来自各行业约700名代表参与；继《2021赤泥绿色利用发展报告》后，持续编制出版了《2022赤泥绿色利用发展报告》，结合国家公开数据、行业调研资料和赤泥数据库资料，系统梳理总结行业发展概况及产业现状，为氧化铝企业、赤泥利用企业、科研机构等上下游相关单位、政府部门及社会各界了解、推动和开展赤泥绿色利用工作提供参考和借鉴。

为了加快铝工业发展方式绿色转型和现代化产业体系建设，培育壮大赤泥综合利用产业，协会赤泥推进办受工业和信息化部委托，开展《赤泥综合利用政策研究和三年行动方案》编制工作，集聚重点企业和行业专家智慧，群策群力，研究编制了可量化、可执行的赤泥利用三年行动计划，并提出了政策建议；组织开展了重点技术攻关，发布了《首批赤泥综合利用联合攻关项目申报指南》，在各相关单位"揭榜挂帅"的基础上，经专家评审，层层筛选，确定了6个首批赤泥综合利用联合攻关项目，涉及赤泥产生企业、利用企业和科研机构等7家单位，形成上下游联合体，以避免分散性、重复性研究，聚智聚力，加快成果转化，建设示范项目。

三、重点企业率先行动

到 2023 年年底，全国建成赤泥利用项目超过 20 项，其中赤泥选铁项目 13 个，2023 年共生产赤泥氧化铁粉 580 万吨；赤泥制备胶凝材料项目 4 个；已有 40 多条示范道路使用了赤泥路基材料。

氧化铝企业立足减量化、无害化、资源化，积极落实主体责任，主动为下游企业创造条件和环境，加强延链强链，采取灵活合作模式，引入合作机制，推动大规模利用示范项目建成投产。各企业特色鲜明：

——中国铝业股份有限公司制定并施行《赤泥综合利用行动方案》，相关任务和目标纳入基层单位年度绩效考核内容，目前已建成和运行的赤泥粉体材料项目产能约 60 万吨/年、选铁和高铝钙、碱等元素提取项目产能约 260 万吨/年。2023 年，赤泥利用量突破 400 万吨，利用率超过 16%，同比增长近 6%，发挥了领头企业的示范引领作用。

——南山集团龙口东海氧化铝有限公司从 2009 年开始致力于赤泥综合利用研究，开展了利用赤泥选取氧化铁粉、制备改性路用材料、生产陶粒建材等研究、试验和项目示范，2023 年着力研究并推进改性赤泥基充填材料在矿坑修复方面的应用，组织了多次专家研讨会，已初步形成项目方案。

——广西田东锦鑫化工有限公司针对性开展赤泥选铁、赤泥脱碱土壤化处理以及赤泥基助熔剂等多项项目研发、试验和建设，2023 年赤泥选取氧化铁粉 25 万吨、赤泥土壤化中试种植试验利用赤泥 2 万吨、水泥胶凝材料制备利用赤泥 8.6 万吨，赤泥综合利用率约 8%。

——魏桥集团合作建成运行10万吨/年磁化焙烧还原、5万吨/年赤泥胶凝材料项目及路用材料生产线。

四、利用企业积极建设

中铝环保节能集团有限公司、宝武集团环境资源科技有限公司、陕西钢铁集团有限公司、山东高速集团、云南九州昊成环保科技集团有限公司、山东海逸生态环境保护有限公司、江苏中创模架科技有限公司、登电集团水泥有限公司等企业，积极对接协会，参与赤泥利用，扩大项目投资，有效壮大了赤泥利用产业链。

——山东海逸生态环境保护有限公司开展赤泥利用相关试验80余次，累计在国内30多个工程项目中合作应用了赤泥路用材料，总利用赤泥超过150万吨。

——云南九州昊成环保科技集团有限公司在云南文山、广西防城港和百色等地区，合作建成了3个利用企业，且在山西忻州合作建设年赤泥选铁、水泥铁质校正料50万吨的项目，即将投产。

——广西华众建材有限公司建设有50万吨赤泥综合利用示范项目，是全国40家"矿产资源综合利用示范基地"重点项目之一，利用赤泥生产水泥，项目一期已投产，赤泥掺量达9%，年利用赤泥约5万吨。

其他还有，山东高速集团合作建成产能50万吨/年赤泥基多功能胶凝材料生产线，河南焦作百奥恒新材料有限公司建设的100万吨赤泥地聚物胶凝材料生产线建成投产等。

五、标准体系逐步构建

截至2023年年底，已发布行业标准3项，地方标准3项，团体标准 6 项。现行赤泥综合利用行业标准、地方标准和团体标准分别见表 2-2、表 2-3、表 2-4。

表 2-2 赤泥综合利用行业标准

序号	标准名称	标准号
1	赤泥硫酸盐水泥标准	建标 36—1961
2	赤泥粉煤灰耐火隔热砖	YS/T 786—2012
3	赤泥中精选高铁砂技术规范	YS/T 787—2012

数据来源：国家标准化管理委员会。

表 2-3 赤泥综合利用地方标准

序号	标准名称	标准号
1	赤泥磁选铁精矿中硅、铝、硫、磷、砷、铜、锌、铅和钛元素含量的测定电感耦合等离子体发射光谱法	DB45/T 1106—2014
2	赤泥干式堆存安全技术规范	DB41/T 975—2014
3	公路工程赤泥（拜耳法）路基应用技术规程	DB37/T 3559—2019

数据来源：国家标准化管理委员会。

表 2-4 赤泥综合利用团体标准

序号	标准名称	标准号
1	炼钢用赤泥基化渣剂	T/CISA 030—2020
2	赤泥提炼铁精粉中铁、钙、硅、钛、镁、磷、锰、铝元素含量的测定 X-射线荧光法	T/GXAS 126—2020
3	拜耳法赤泥路基工程技术标准	T/CNIA 0068—2020
4	赤泥资源化利用通用要求	T/CISA 183—2021
5	公路拜耳法赤泥路基技术规程	T/CECS G：D22-01—2022
6	钢渣-锰渣基和赤泥基复混肥	T/CISA 228—2022

数据来源：国家标准化管理委员会。

2023年,《赤泥回收硅铝粉》《赤泥回收硅铁粉》2项行业标准已通过工业和信息化部公示,并正式立项;《赤泥堆场原位生态修复工程技术标准》《赤泥烧结透水路面砖》2项行业标准,已通过论证等待发布实施;《赤泥路用环境污染防控技术规范》地方标准已编制完成并提交申请,拟立项公示;《赤泥综合利用指标体系及计算方法》地方标准,已通过论证,拟申请立项;《赤泥综合利用通用技术规范》《软土固化用赤泥基胶凝材料》2项协会团体标准,已提交建议书,待论证、公示和立项。

六、科技创新成果涌现

2023年,中南大学牵头的"铝土矿拜耳法溶出赤泥源头减量技术及大规模示范"、中铝郑州有色金属研究院有限公司牵头的"高铁高硫等复杂铝土矿提质高效利用技术与示范"等国家重点研发计划,全面下达并启动研究。

2023年,"赤泥分质降碱工艺技术""烧结法配置工艺技术"入选国家工业和信息化部发布的《国家工业资源综合利用先进适用工艺技术设备目录(2023年版)》;"赤泥等工业固废协同材料化全组分利用研究与实践""氧化铝赤泥深度选铁技术研究及应用""拜耳法赤泥分质调控生产基体复合材料关键技术及规模化应用""赤泥资源化工程利用关键技术及环境影响评价"等关键技术成果获奖,其中行业科技奖一等奖1项、三等奖2项,地方科技奖三等奖1项。

2023年,赤泥直接相关授权专利新增59项,同比增长37.2%,其中发明专利57项、实用新型专利2项。北京科技大学"无氟炼钢熔剂的制备及其在钢铁工业中的应用工艺"相关的3项发明专利,以科技成果作价入股方式完成技术转让,开创赤泥技术研发转化新模式。2012—2023年赤泥直接相关授权专利新增数见图2-1。

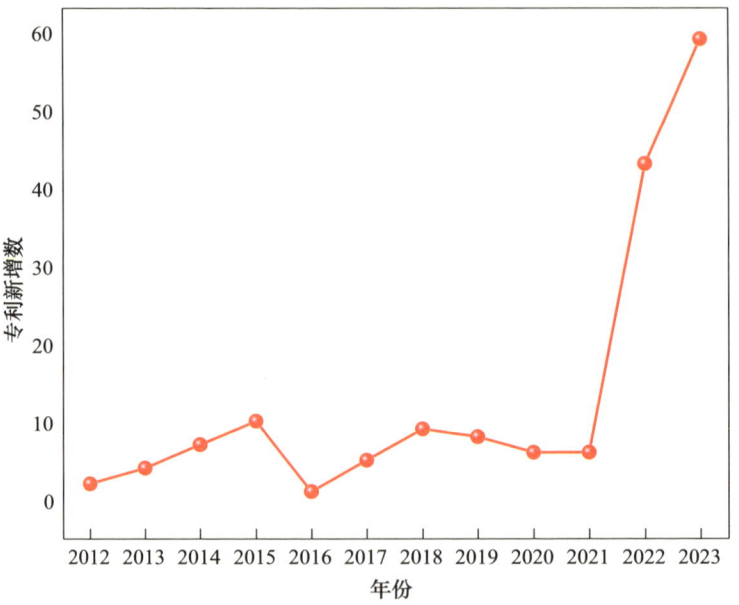

图 2-1　2012—2023 年赤泥利用直接相关授权专利新增数

七、利用总量快速增长

（一）赤泥产生量及利用量

自 2010 年以来，我国氧化铝行业高速发展，氧化铝产能产量屡创新高，氧化铝产量从 2010 年的 2993 万吨增长至 2023 年的 8244 万吨，赤泥排放量也急速增长。随着国家对生态环境的日益重视，对资源综合利用的高度关注，赤泥利用从零开始，不断突破，但受制于赤泥综合利用的相关技术及装备，赤泥应用速度远滞后于赤泥产出速度，赤泥综合利用率仍然偏低，赤泥的堆存量持续增长并将长期处于较高水平。2010—2023 年赤泥产生量及赤泥利用量见图2-2。

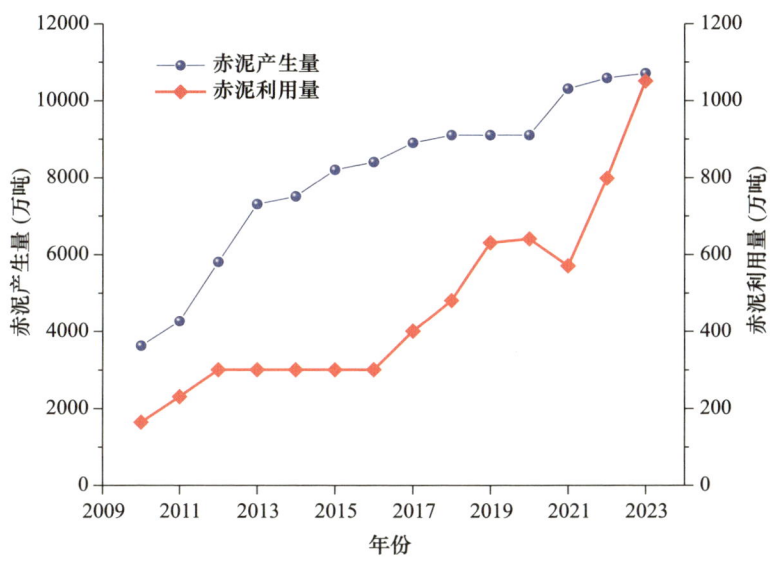

图2-2 2010—2023年赤泥产生量及赤泥利用量

近年来，在国家部委、地方政府、行业协会、产业企业、科研院校和金融机构等单位的共同努力下，我国赤泥综合利用工作取得显著成效，赤泥利用率大幅提升。据协会统计，2021年我国赤泥产生量10300万吨，利用量576万吨，综合利用率5.6%；2022年我国赤泥产生量10500万吨，利用量800万吨，综合利用率7.6%；2023年我国赤泥产生量10700万吨，利用量1050万吨，首次突破1000万吨，同比增长31.25%，综合利用率9.8%。

（二）各省份赤泥利用情况

目前我国有氧化铝生产企业53家，主要分布在山东、河南、河北、山西、贵州、重庆、广西、云南及内蒙古9个省份。2023年我国赤泥综合利用量超100万吨的省份有4个，分别为广西325万吨、山东295万吨、山西140万吨、河南130万吨，占总利用量的 84.62%。2023 年各省份赤泥综合利用情况见表 2-5。

表 2-5 2023 年各省份赤泥综合利用情况（按利用量排序）

序号	省份	产生量（万吨）	利用量（万吨）	利用率（%）
	总计	10700	1050	9.81
1	广西	2000	325	16.25
2	山东	2940	295	10.03
3	山西	2640	135	5.11
4	河南	1260	130	10.32
5	云南	240	60	25.00
6	重庆	410	50	12.20
7	河北	480	40	8.33
8	贵州	710	15	2.11
9	内蒙古	20	0	0.00

2023 年，我国赤泥综合利用主要集中在有价元素提取、胶凝材料、粉体材料等领域，其中赤泥回收氧化铁粉 580 万吨，赤泥提取高钙铝、氧化铝、氧化钠等约 150 万吨，赤泥制备胶凝材料约 210 万吨，赤泥制备粉体材料约 100 万吨，赤泥在路用材料、建陶材料等领域的应用也在逐步发展。各省份由于区位不同，氧化铝企业铝土矿来源不同，赤泥成分不同，赤泥综合利用技术、产品和应用领域各有特色。2023 年主要省份赤泥综合应用领域分布情况见表 2-6。

表 2-6 2023 年主要省份赤泥综合应用领域分布情况

序号	省份	主要应用领域
1	河北	回收氧化铁
2	山西	回收氧化铁、回收氧化铝、回收碱、水泥掺配料
3	山东	回收氧化铁、水泥掺配料、硅铁粉、硅铝粉、赤泥基土

续表

序号	省份	主要应用领域
4	河南	回收氧化铝、回收碱、水泥掺配料、路基材料、硅铁粉
5	广西	回收氧化铁、水泥掺配料、制砖
6	重庆	水泥掺配料
7	贵州	水泥掺配料、复合板材
8	云南	回收氧化铁、回收碱、高钙铝粉、水泥掺配料、制砖

第三章 产品体系

党的十八大以来,我国赤泥产生企业、利用企业、科研机构、行业协会等,认真贯彻落实新发展理念,推动铝行业绿色低碳高质量发展,遵循减量化、无害化、资源化的赤泥综合利用总思路,开展赤泥综合利用。氧化铝企业通过前端铝土矿石除杂把控原料成分,优化氧化铝生产过程、提高回收率、降低各项单耗等方式,降低赤泥产出率,稳定赤泥成分,提升赤泥可利用性。对于存量赤泥和增量赤泥,探索多种方式"无害化、资源化",比如通过旋流分级、磁选、重选等方式,选取赤泥氧化铁粉、硅铁粉等价值成分;通过改性处置、化学固化、多固废协同利用等方式,制备多种赤泥基应用产品。赤泥基产品已成功应用于钢铁、建材、交通、矿山、橡塑等行业,并在全量化全过程研究、低成本大规模应用方面不断深化,不断拓展。

当前,赤泥综合利用已基本形成矿物提取、胶凝材料、建陶材料、路用材料、粉体材料五大产品体系。

一、矿物提取

赤泥化学元素组成复杂,主要包括 Al_2O_3、Fe_2O_3、CaO、

SiO_2 等，同时还含有多种稀有金属元素如钒、镓、钪等。赤泥回收有价金属得到了广泛关注研究，基于技术方法、经济成本、市场需求等因素，目前我国赤泥有价矿物提取以回收氧化铁粉为主，其他如高钙铝、稀有金属元素等矿物的提取，也在研究和推广。

（一）赤泥氧化铁粉

赤泥氧化铁粉主要是通过磁选、重选、磁化焙烧等工艺方法，对赤泥中的铁质矿物进一步富集。

目前赤泥磁选、重选工艺处于工业化应用阶段，赤泥磁化焙烧工艺仍处于中试阶段。2023年，我国赤泥回收氧化铁粉580万吨，占当年国内赤泥利用总量的55%，主要应用于钢铁行业，用作铁质原料配矿、炼钢造渣剂等。

1. 配矿

赤泥氧化铁粉作为一种铁含量较高的含铁原料，将其配加并生产烧结矿、球团矿是一种低成本的规模化利用方式，已经广泛应用。

赤泥氧化铁粉具备较好的黏性和塑性，可以有效地黏结铁矿粉，提高球团矿强度和耐磨性，有助于填充球团矿中的空隙，提高球团矿的密实度和机械强度。同时，氧化铁粉中还含有少量的铝、硅和钛等元素，高温下形成的硅铝酸盐、钛酸盐，可以增强球团矿的强度和稳定性。

2. 炼钢造渣剂

炼钢造渣剂是指在钢铁冶炼过程中，用来产生浮渣，为保护钢液不过度氧化，不吸收有害气体，保温，减少有益元素损失所添加的一种材料，添加该材料是炼钢的重要程序之一。

传统炼钢工艺形成的是 $CaO\text{-}Fe_tO\text{-}SiO_2$ 渣系,该渣系在炼钢初期熔点高、流动性差,是限制高效冶炼的关键因素。赤泥当中含有丰富的 Fe_2O_3、Al_2O_3、Na_2O 等物质,能够形成 $CaO\text{-}Fe_tO\text{-}SiO_2\text{-}Al_2O_3\text{-}Na_2O$ 渣系,富含的氧化铁可以起到补充铁源的作用,而氧化铝和氧化硅在高温下亦可以与钢液中的杂质反应产生熔渣,帮助去除钢液中硫、磷等有害元素,提高钢液的纯度和质量。赤泥制备炼钢造渣剂技术成熟,目前已处于工业化应用阶段。

(二)高钙铝

高钙铝是指从赤泥选铁尾矿当中,通过矿化脱泥—重选—磁选—旋流脱硅组合工艺,提取的以钙、铝元素为主的产品,有用组分含量通常为 $Al_2O_3 = 24\% \sim 28\%$、$SiO_2 = 6\% \sim 7\%$、$CaO = 25\% \sim 30\%$、$Na_2O = 2.5\% \sim 3.5\%$。该产品能够以使用活化剂的方式替代部分拜耳法铝土矿原料,在一定程度上实现固废资源循环利用,增加减排率 $5\% \sim 9\%$。赤泥提取高钙铝技术成熟,目前处于工业化应用阶段。

(三)其他元素提取

利用赤泥作主要原料,提取氧化铝、氧化钛及其他稀贵金属元素,但由于投资、能耗、成本等经济性问题,工业化应用市场化推广尚不具备条件,目前仍处于实验室研究阶段。

二、胶凝材料

胶凝材料是指在物理、化学作用下,由可塑性浆体逐渐变成坚固石状体，并能将各种散粒矿物材料或块状材料黏结成一个整体的材料。

赤泥的主要化学成分包括 CaO、SiO_2、Al_2O_3、Fe_2O_3，与硅酸盐水泥熟料组成相似，本身也具备一定的胶凝活性，通过机械粉磨、热活化、碱活化等方法进一步提升活性后，能够用于制备水泥辅助胶凝材料、多固废复合胶凝材料、混凝土掺和料、地质聚合物等，可降低石灰石等天然不可再生资源的使用量，降低水泥、地聚物等生产成本。

（一）多固废复合胶凝材料

赤泥基多固废复合胶凝材料主要是由赤泥、硅铝质固废（如高炉渣）、硫酸盐固废（如脱硫石膏）、水泥及外加剂按一定比例充分混合制备的一种胶凝材料。

赤泥中的碱性组分可以加速硅铝质固废中的硅铝元素溶出，增加的活性硅铝矿物会和水泥水化生成的 $Ca(OH)_2$ 反应生成 C—S—H、C—A—S—H 等胶凝产物。同时，体系中增加的 $[Al(OH)_6]^{3-}$ 会与硫酸盐固废中的 Ca^{2+} 和 SO_4^{2-} 反应生成钙矾石。适量的钙矾石会补充基体在水化过程中存在的微孔和缝隙。该胶凝材料水化过程中的相关反应方程式如下所示。

$$AlO_2^- + OH^- + H_2O \rightarrow [Al(OH)_6]^{3-}$$

$$[Al(OH)_6]^{3-} + Ca^{2+} + SO_4^{2-} + OH^- + H_2O \rightarrow$$
$$Ca_6Al_2(SO_4)_3(OH)_{12} \cdot 26H_2O$$

$$SiO_2 + OH^- + H_2O \rightarrow [H_3SiO_4]^{2-}$$

$$AlO_2^- + OH^- + H_2O \rightarrow [H_3AlO_4]^{2-}$$

$$[H_3AlO_4]^{2-} + [H_3SiO_4]^{2-} + Ca^{2+} + Na^+ \rightarrow C(N)-A-S-H$$

目前，赤泥基多固废复合胶凝材料技术成熟，已处于示范工程阶段。

（二）地质聚合物

地质聚合物是由硅铝酸盐原料经碱激发剂激发得到的一种无机非金属胶凝材料。

赤泥富含多种碱金属及微量元素，其中 Na、Fe、Al 和 Si 的氧化物总和超过 80%，是一种具有无定形层状、类黏土结构的铝硅酸盐矿物，物理性质与黏土相似，历来就有亚黏土之称。从其具有的无定形矿物结构及化学元素组成上来看，赤泥是制备地质聚合物的良好原料，目前赤泥制备地质聚合物分两类，赤泥焙烧后制备碱激发地质聚合物和赤泥基多固废-碱激发地质聚合物。

1. 赤泥焙烧后制备碱激发地质聚合物

赤泥在经过煅烧后，可以形成一种具有良好火山灰活性、亚稳定结构的铝硅酸盐网络结构，在碱激发剂作用下，能够反应生成水化（铝）硅酸钙（C—(A)—S—H）凝胶，具有良好抗压强度。赤泥煅烧过程中铝硅酸盐的反应方程式如下：

$$2n\,[Si_2O_5,Al_2(OH)] \rightarrow 2\,[Si_2O_5,Al_2O_2]_n + 4nH_2O$$

2. 赤泥基多固废-碱激发地质聚合物

赤泥和高炉矿渣、偏高岭土、粉煤灰等高硅铝物质在碱激发剂营造的高 OH^- 的环境下，赤泥等矿物中的 Si—O—Si，Al—O—Al 等共价键产生断裂，使其解体产生 SiO_4^{4+} 和 AlO_4^{5-} 离子，这种离子不稳定，能够发生相互聚合，变成新的大分子无机聚合物，其反应通式如下：

$$2(Si_2O_5, Al_2O_2) \xrightarrow{2nSiO_2 + 4nH_2O + NaOH/KOH}$$

$$Na^+/K^+ + n(OH)_3\text{—}Si\text{—}O\text{—}Al\text{—}O\text{—}Si\text{—}(OH)_3$$
$$|$$
$$(OH)_2$$

$$n(OH)_3\text{—}Si\text{—}O\text{—}Al\text{—}O\text{—}Si\text{—}(OH)_3 \xrightarrow{NaOH/KOH}$$
$$|$$
$$(OH)_2$$

$$(Na^+, K^+)\text{—}(Si\text{—}O\text{—}Al\text{—}O\text{—}Si\text{—}O) + 4nH_2O$$

目前，赤泥地质聚合物技术仍处于中试阶段。

（三）硅酸盐水泥及特种水泥

1. 硅酸盐水泥

赤泥用作水泥的铁质校正料，利用赤泥具有氧化铁含量较高的典型特征，能够满足水泥原料对铁质元素的需求，通过两磨一烧工艺制备普通硅酸盐水泥熟料。

该技术成熟，目前得到普遍应用。

2. 铁铝酸盐水泥

铁铝酸盐水泥是一种快硬、高强、抗冻、耐腐蚀性和耐磨性较好的水硬性胶凝材料。它是以适当成分的生料，经过煅烧得到的以铁相、无水硫铝酸钙和硅酸二钙为主要矿物成分的熟料，再掺加适量石灰石和石膏磨细制成的。

赤泥当中含有大量的 Al_2O_3 和 Fe_2O_3 组分，具备大掺量制备铁铝酸盐水泥的潜力。用作主要原材料制备铁铝酸盐水泥时，可降低熟料的煅烧温度，提升其力学性能，可应用于海防工程。

目前该技术已完成中试试验，正在推广工业化试验。

三、建陶材料

（一）建筑砖

建筑砖是建筑用的人造小型块状建材，是最传统的砌体材料，分烧结砖和非烧结砖。

赤泥可代替部分黏土，烧结制备炻质/陶瓷制品，根据孔隙率不同，分为普通烧结砖、烧结多孔砖、烧结空心砖，可用于路面、建筑外墙，根据用途分为透水砖、景观砖等。

该技术成熟，目前处于示范工程阶段。

（二）陶瓷材料

赤泥陶瓷材料是以赤泥为原料，通过成型和烧结等所制得的无机非金属材料制品的统称，具有高熔点、高硬度、高耐磨性、耐氧化等优点。赤泥中含有大量的 Al_2O_3、SiO_2 和碱金属氧化物等，是制备铝硅酸盐陶瓷的主要成分，同时碱金属离子在陶瓷材料中起到熔剂作用，能够降低烧结温度。

1. 赤泥陶瓷制品

赤泥陶瓷制品是指原料干基中赤泥质量百分比不小于30%，并且经过高温烧结过程形成的 SiO_2-Al_2O_3-Fe_2O_3-Na_2O 体系陶瓷制品，包括陶瓷墙地砖、陶瓷地铺石、烧结砖、景观砖、烧结瓦、高强烧结陶粒、烧胀陶粒以及多孔陶瓷膜等。

赤泥陶瓷制品烧结温度较低，力学性能和环境性能优异，是实现赤泥高值化大规模利用的有效途径之一。

该系列产品技术目前处于中试阶段。

2. 赤泥陶粒

赤泥陶粒是一种由陶土、页岩、煤矸石等原料制成的轻质、高强度的建筑材料，具有密度小、强度高、吸水性好、抗冻性能强、耐酸碱腐蚀等特点，被广泛应用于建筑、园林、环保等领域。

赤泥制备陶粒充分利用了赤泥粒度细、含硅酸盐成分特性，通过元素调制处理，遵循 SiO_2-Al_2O_3-Fe_2O_3-Na_2O 体系材料设计，实现赤泥浆体直接与辅料混合提质、缓冲压滤、挤出造粒和整形，制备陶粒生球，制备的陶粒生球可以进一步送到陶粒带式焙烧装备上进行大批量烧制，生坯/生球粉体在低于其熔点温度下发生物理化学反应，使物质在表面张力作用下自发地充填颗粒间隙得到致密化的烧结制品，力学性能、环境性能、耐久性能优良，能替代天然砂石骨料，提高混凝土耐久性能。

该产品技术目前处于中试阶段。

四、路用材料

（一）干硬性赤泥基混凝土

干硬性赤泥基混凝土（赤泥基工程填筑材料）是以赤泥为主体材料，通过掺加低剂量复合改性材料将赤泥转化成绿色环保的工程填筑材料，代替素土、石灰土、水泥土、水泥稳定碎石等传统材料，用于建筑工程地基、工业场坪填筑，高速公路、国省干线、县乡公路、市政道路等工程的路基及底基层填筑。

该技术成熟，目前处于工业化应用阶段。

（二）可塑性赤泥基混凝土

可塑性赤泥基混凝土是以赤泥和水泥作胶凝材料与砂石、水和复合改性材料按一定比例，经搅拌、成型、养护制备成的可替代传统水泥混凝土的赤泥基混凝土。可用于公路桥梁、路面的浇筑，也可制备成路缘石、隔离墩、护坡砖、路面砖、排水沟等预制构件用于公路工程。

该技术成熟，目前处于工业化应用阶段。

五、粉体材料

（一）粉体选取

以赤泥为原料，通过无热分质技术生产粉体材料，比如硅铁粉、硅铝粉等，实现赤泥在钢铁、水泥等领域的协同利用。

1. 硅铁粉

充分利用赤泥中的硅、铁元素，通过分选、粉化、干化得到硅铁粉，可用于水泥铁质校正料。

2. 硅铝粉

充分利用赤泥中的硅、铝元素，通过分选、粉化、干化得到硅铝粉，可作为页岩的替代原料，广泛用于建材行业。

该产品技术成熟，行业标准已立项编制，目前处于示范工程阶段。

（二）粉体填料

粉体填料泛指非金属、金属超细粉，非金属粉体填料多用于橡塑行业。

赤泥富含大量多孔性颗粒，多孔性颗粒与橡塑可高比例填充。经过表面处理的赤泥与橡塑具有良好的界面结合，橡塑制品力学性能优异，可部分替代重质碳酸钙等原料填充使用。具有高碱性、早强性、热稳定性、阻燃性、抗老化性等优点，多应用于橡塑、木塑、功能填料方面。

该技术中试已成功，正在开展示范工程建设。

六、其他应用

（一）充填回填材料

充填回填材料指用于填充地表、地下因采矿产生的空腔（即采场）的材料。

以赤泥为基础原料，基于有机和无机材料协同多源工业固废复合改性、中钙体系下的多固废复合协同、多固废协调及药剂稳定化等技术，制备获得一种成型后具有一定的结构强度和耐久性且环境友好的工程复合材料，在满足相关强度标准的前提下，能够确保材料长期稳定和持续有效。针对性用于矿山采空区、塌陷区、存在安全风险的矿区、井下充填和矿山回填、场坪回填等。在"以废治废"的同时实现赤泥大规模消纳利用。

该技术目前处于中试验证阶段。

（二）功能材料

1. 复合净水剂

净水剂是指投放入水中能和其他杂质产生反应的物质，主要达到净水的目的。常用的净水剂包括聚合氯化铝、聚合硫酸铝铁等。

赤泥中含有较多的铝、铁矿物，用赤泥制备聚合氯化铝铁、聚合硫酸铝铁等无机高分子絮凝剂，可有效降低聚合硫酸铝铁的制备成本。

赤泥制备复合净水剂主要分为两个过程：一是酸浸过程，赤泥中的铝化合物和铁化合物与酸反应，生成 $[Al(H_2O)_6]^{3+}$ 和 $[Fe(H_2O)_6]^{3+}$ 配位分子；二是聚合过程，通过调节使 pH 值逐渐升高，单一金属配位离子中的配位水发生水解，Al 与 Fe 发生交错聚合，形成铝铁聚合物。

该产品技术成熟，目前处于示范工程阶段。

2. 脱硫剂

脱硫剂通常指脱除燃料、原料或其他物料中游离硫或硫化合物的药剂。

拜耳法赤泥富含钠、钙、镁等碱性脱硫成分，同时颗粒细小、疏松多孔、比表面积大、吸附能力强，有利于加大化学反应速度和反应深度。

赤泥脱硫分为干法和湿法。赤泥干法脱硫是利用干赤泥的吸附能力和脱硫（固硫）成分，采用干法脱硫工艺替代石灰脱除 SO_2，或直接与煤粉混合在燃烧过程中实现脱硫（固硫）；赤泥湿法脱硫主要是将赤泥配制成赤泥浆，利用赤泥及其吸附液中的碱性成分与 SO_2 发生反应，采用湿法脱硫工艺替代石灰、石灰石等脱硫剂脱除 SO_2。

该技术目前处于工业试验结果论证阶段。

3. 无害化处置

赤泥作为一种典型的碱性固废，碱是限制其利用的最主要因素。研究表明，采用酸性气体中和、废酸中和、有机和无机复合改性剂调控等处理后的赤泥可进行土壤化利用，以多产业固废作为土壤化改良剂，选取优良的耐碱适种植株，能够实现赤泥堆场的原位生态修复，改善赤泥堆场及周边生态环境。

该技术目前处于小规模试验阶段。

第四章　产业体系

利用开发的系列赤泥基产品，通过联合钢铁、建材、交通等行业，构建"赤泥+"产业模式，打造赤泥综合利用的四梁八柱，是赤泥综合利用产业体系建设的主要内容。当前，已初步构建了赤泥+钢铁、赤泥+建材、赤泥+交通、赤泥+粉体、赤泥+其他等产业模式。

一、赤泥+钢铁

我国铁矿石对外依存度高，铁矿石已被列入国家战略性矿产目录，铁矿石资源安全稳定可持续供应在保障国家经济安全、国防安全和战略性新兴产业发展方面具有重大意义。

近年来，随着国内铝土矿结构的变化，中高铁赤泥占比稳步增加，赤泥选铁作为铁矿石资源的补充，已在全国范围内陆续建成多个项目。

（一）主要特点

1. 资源补充

2023年，我国赤泥产生量约1.07亿吨，初步估算赤泥中铁元素含量超 2000 万吨，全年实际产出氧化铁粉 580 万吨，主要应用于钢铁企业。从赤泥中回收氧化铁粉，是钢铁企业丰富铁矿石资源获取的有效途径之一。

2. 降本增效

根据我国海关总署数据显示，2023 年我国铁矿砂及其精矿进口数量为 11.55 亿吨，进口总金额为 9195.38 亿元，平均进口价约为 796.14 元/吨。据某钢铁企业测算，使用赤泥氧化铁粉替代部分铁矿石使用，吨钢节省成本空间在 100 元以上，具有显著的成本优势。

3. 节能降碳

世界钢铁协会发布的可持续发展指标报告中指出，2022 年我国粗钢产量约 10.18 亿吨，全球占比 50% 以上。据了解，按冶炼 1 吨粗钢排放 1.88 吨 CO_2 计算，钢铁行业全年碳排放量约 19.14 亿吨，占我国碳排放总量的 15%。

赤泥氧化铁粉替代部分铁矿石原料，可减少铁矿石在资源开采、原料运输、粉磨加工及废弃处置等阶段的 CO_2 排放量，有利于钢铁行业践行"双碳"目标。

（二）攻关及发展方向

1. 拓展应用领域

赤泥氧化铁粉在钢铁行业主要作为烧结配矿、炼钢造渣剂使用，应用方向较少，需进一步挖掘赤泥氧化铁粉在钢铁行业的应用潜力，如利用赤泥氧化铁粉作球团黏结剂、协同处置钢铁尘泥等。同时，应积极推动赤泥氧化铁粉在陶瓷、玻璃、涂料、颜料、催化剂等领域的应用，提升技术可行性和产品经济性，拓宽其应用范围及市场空间。

2. 加强技术创新

（1）优化磁选、重选工艺

当前赤泥磁选、重选等直接物理分选技术存在铁元素回收率较低、杂质含量较高等问题，赤泥中铁元素回收率通常为30%~40%且氧化铝含量偏高。应当加强企业与高校、科研机构等单位的合作，针对赤泥中铁矿物颗粒较细、嵌布结构复杂、成分复杂等特性，开发更高效、更精准的选矿设备和工艺方法。

（2）研发火法工艺

磁化焙烧及直接还原选铁工艺能够有效回收赤泥中的铁元素，但还原焙烧过程中整体能耗、成本较高，限制了其大规模工业化应用，目前处于试验研究阶段，需针对性地开发新型还原剂和添加剂，根据赤泥特性，调整焙烧过程中还原剂用量、还原温度、时间等工艺参数，优化还原焙烧过程，降低生产成本。

（3）研发湿法工艺

赤泥湿法工艺在选铁的同时，能够对赤泥中的其他有价金属元素进行回收利用，实现对赤泥的"吃干榨尽"，但仍旧存在酸耗高、设备易腐蚀、技术成熟度不足、浸出元素分选成本高等问题，目前处于试验研究阶段，未来需继续加强技术研发和工艺创新，进一步优化酸液浓度、反应温度、时间等工艺参数，建立完善的酸液循环系统，提升技术成熟度。

3. 提升产品附加值

赤泥氧化铁粉相较于铁矿石原料具有一定的经济成本优势，但在铁矿石价格低位时优势不突出，同时赤泥氧化铁粉中含有较高的氧化铝等杂质，造成使用受限。

未来可以利用赤泥氧化铁粉的特性，开发新型功能材料，如耐磨材料、耐腐蚀材料、磁性材料等，满足高科技领域对新材料的需求，提升产品附加值。

（三）典型应用案例

1. 配矿原料

国内山东、河北、广西、云南等省份的氧化铝企业，均建有赤泥选铁项目，周边在一定运输半径内的钢铁企业，多采用赤泥氧化铁粉替代部分铁矿原料，用于配矿。

宝钢集团、鞍钢集团均将高铁赤泥作为辅助原料与铁矿粉、助熔剂等原料按照一定比例混合，通过混料、造粒、烧结等步骤制成烧结矿，赤泥掺配比通常为2%~6%。

2. 炼钢助熔剂

锦江集团广西田东锦鑫化工有限公司的赤泥制备炼钢助熔剂已成功完成实验室研究阶段的验收工作，并顺利进入半工业试验阶段。广西三秋树环保科技有限公司已建成投用相关项目，生产高效助熔剂、化渣剂供应钢铁企业，产品中赤泥添加量可达90%以上。鞍钢集团在其炼钢工艺中，使用赤泥作为助熔剂掺配料进行工业试验。图4-1为赤泥基炼钢助溶剂制备流程。

图4-1 赤泥基炼钢助熔剂制备流程

3. 直接还原炼铁工艺原材料

东北大学将高铁赤泥先经过钙化转型处理，脱除赤泥中的钠碱，钙化渣再经过涡流熔融还原得到炼钢生铁，低碱的熔融还原渣直接高温调制水淬后制备低碳水泥熟料。目前该技术已在沈阳完成万吨级高铁赤泥涡流还原扩试试验，铁回收率达到97.12%。图4-2为高铁赤泥涡流还原得到的炼钢生铁。

图4-2　高铁赤泥涡流还原得到的炼钢生铁

二、赤泥+建材

（一）主要特点

1. 应用范围广泛

赤泥主要由氧化铁、氧化铝、硅酸盐等组成，这些成分与水泥等建材的主要化学成分相似，为其在建材领域的应用提供了基础。目前，赤泥在建材行业能够用于制备硅酸盐水泥、特种水泥、地质聚合物等胶凝材料，还能用于制备陶瓷、陶粒、建筑砖、结构件等建陶材料及装饰材料，应用范围广，初步形成赤泥+建材产业体系。

2. 绿色降碳

建材行业作为高能耗、高排放的行业，绿色低碳转型已成为必然趋势。赤泥在建材行业的应用，不仅能够减少水泥等产品制备过程中的碳排放，还能够减少传统建材产品对石灰石、河沙等不可再生资源的需求，减少自然资源的开采，是建材行业推进行业转型，实现绿色环保发展的方向之一。

（二）攻关及发展方向

1. 突破关键共性技术

（1）降低赤泥处理成本。

干燥和粉磨是赤泥在建材行业中利用的第一步，也是最关键的一步。目前赤泥烘干、粉磨的成本较高，多采用堆场晾晒的方法，效率低、推进难度大、持久性差。为了推动赤泥在建材行业的大规模应用，降低处置成本，应着重研发赤泥低成本干燥、粉磨、筛分装置设备及余热烘干、无热烘干等技术，为后续综合利用创造便利条件。

（2）赤泥脱碱、固碱技术。

赤泥碱含量高、脱碱难度大，限制了其在建材领域的规模化消纳利用，导致赤泥综合利用率一直难以有效提高。强化赤泥生产过程管理，优化生产工艺，源头处降低赤泥碱含量；发展钙法赤泥脱碱技术，探索突破碳化法、酸法赤泥脱碱技术，着力降低碱含量。

（3）完善相关标准体系。

当前已经开发出的大部分赤泥建材产品，由于缺少国家或行业标准支撑，只能参照其他同类产品标准，造成产品市场认可度低、应用受限、难以大规模推广。亟需围绕有关赤泥产品设计、生产、应用等方面研究制定相关标准和技术规范，着力构建上下游相互贯通、紧密衔接的赤泥综合利用标准体系。

（4）扩大运输半径。

赤泥产出区域集中，主要分布在山东、山西、河南等黄河流域省份和广西、贵州等铝土矿富产省份，由于运输成本问题，产品应用半径受限，市场容量有限，产业链、供应链还不健全。应充分利用其他行业、企业资源优势，积极开发赤泥短距离运输产品及相关利用技术，优化产业发展模式，建立稳定的赤泥综合利用产业链、供应链体系。

（三）典型应用案例

1. 胶凝材料

（1）制备普通硅酸盐水泥。

广西华众建材有限公司通过水泥熟料生产工艺将赤泥和其他硅铝质材料按适当比例进行配料，作为水泥熟料生产中的原材料，赤泥掺比量达9%，年消化赤泥5.05万吨。图4-3为赤泥制备水泥项目。

图4-3 赤泥制备水泥项目

（2）制备特种胶凝材料。

中铝山东有限公司采用赤泥为原料，通过元素调制处理，与其他原料协同，遵循高温烧成或者低温活化的科学机理，利用矿相重构和定向耦合技术，制备赤泥基特种胶凝材料。目前已完成实验室煅烧配比、三次中试线试验以及赤泥基特种胶凝材料工程化可行性研究。图4-4为赤泥基特种胶凝材料中试项目。

图4-4　赤泥基特种胶凝材料中试项目

（3）制备多固废胶凝材料。

山西阳泉郊区资源循环利用研发示范基地项目由北京科技大学、山西中科泓源环保科技有限公司于2020年开工建设，选址于山西省阳泉市郊区白泉工业园区，利用赤泥、粉煤灰等工业固废作为主要原料生产固废胶凝材料，年可利用赤泥等固废约150万吨。图4-5为山西阳泉资源循环利用示范基地。

图4-5　山西阳泉资源循环利用示范基地

(4) 制备地质聚合物。

河南焦作采用先进的碱激发技术路径，建设赤泥基低碳胶凝材料的生产线，分两期建设，一期建设完成投产后可综合消纳赤泥约30万吨/年，两期建设完成投产后共可综合消纳赤泥约80万吨/年。图4-6为河南焦作赤泥地聚物胶凝材料项目。

图4-6 河南焦作赤泥地聚物胶凝材料项目

2. 建陶材料

(1) 制备陶粒。

山东恒远针对大宗工业固（危）废规模化处置和高值化利用，研制了一套瀑落式回转窑成套技术装备，该技术具备"一机多用"的优势，可以实现赤泥煅烧回收氧化铁、制备高性能陶粒、制备仿玄武岩产品、生产水泥掺配料以及新型粉体材料等。图4-7为赤泥多利用途径示意图。

(2) 制备陶瓷制品。

北京科技大学与金卡材料科技有限公司合作完成了利用赤泥制备陶瓷制品的中试试验，结合建陶产业原料需求，充分运用赤泥元素组分特点，通过在线调质、成型、烧成、协同利用等过程，能够制备出以赤泥为主要原料（掺量45%）的黑色、褐色、咖啡色、褐红色等不同色系的赤泥陶瓷制品。图4-8为赤泥高档陶瓷厚板及赤泥景观砖（45%赤泥掺量）。

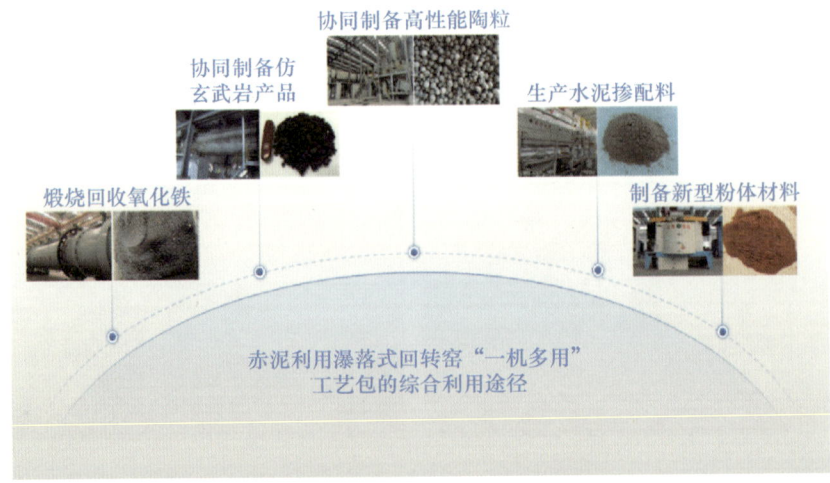

图 4-7　赤泥多利用途径示意图

图 4-8　赤泥高档陶瓷厚板及赤泥景观砖（45%赤泥掺量）

3. 其他材料

某公司利用赤泥作为添加剂制备 PVC 板材，并与框架链接组合制备出新型塑钢装配式模板。目前正处于试验阶段。图 4-9 为环保塑钢复合板。

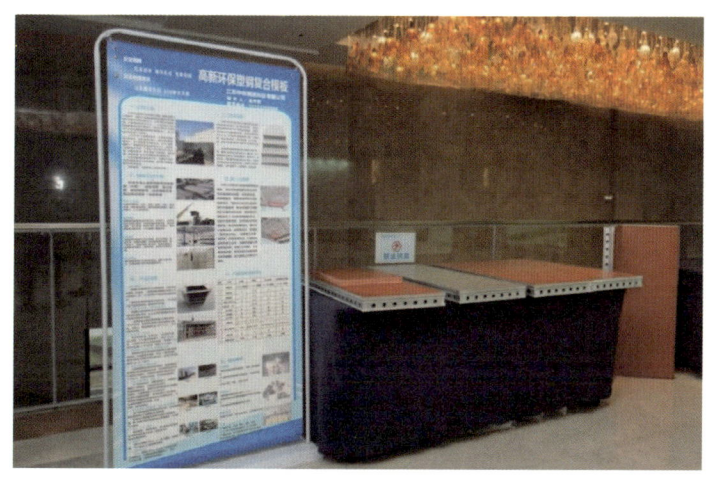

图 4-9 环保塑钢复合板

三、赤泥+交通

（一）主要特点

1. 总利用量大

交通行业中，道路的建设和维护需要消耗大量的路基材料、填筑材料、胶凝材料。通过对赤泥进行改性处置，在环境性能合格的前提下，制备工程填筑材料、路基材料、胶凝材料用于道路建设。

根据有关单位测算，将赤泥作为主要原材料用于道路建设，每公里高速公路可消纳赤泥 20 万～30 万吨、每公里国省干线公路可消纳赤泥 6 万～10 万吨、每公里市政道路可消纳赤泥 2 万～5 万吨。

2. 节省自然资源消耗

随着我国公路、港口等重大建设工程的高速发展，工程建设材料正在消耗大量的土方、砂石等不可再生自然资源。以砂石骨料为例,我国每年公路建设消耗的砂石骨料超过 100 亿吨。

通过赤泥改性处置、多固废协同处置,制备出可替代部分公路建设材料的改性材料,能够缓解对自然资源的依赖,还能促进工业固废的规模化利用。

(二) 攻关及发展方向

1. 扩大利用规模

在满足性能要求和安全环保等要求的前提下,将赤泥改性用于生产路基材料、路面材料、地基场坪、轻质土、路沿石、隔离墩、护坡砖、路面砖、排水沟、息浪块等产品,逐步推动并扩大赤泥基产品在道路交通、市政工程建设等领域的使用规模。

2. 完善标准体系

赤泥不仅在交通行业的应用缺乏相关产品标准,在环境监测、设计施工等方面也缺乏相关标准。亟需健全完善赤泥无害化处置、生产、产品、应用、设计、施工、验收、检测、评价、污染防治、使用维护等赤泥综合利用全过程标准体系,强化产品质量标准与工程建设等与下游应用领域标准间衔接。

3. 开展长期性能监测

赤泥路用材料缺少长期使用的耐久性、工程性能等跟踪监测数据,难以提供其长期质量稳定和环境风险可控的数据资料,因此亟需对赤泥路用材料的环境性能建立相关数据模型,开展其在特殊环境下(如高温、冰冻等极端条件)的长期耐久性能模拟研究。

(三) 典型应用案例

1. 制备路用材料

(1)山东海逸赤泥路用项目。

自 2016 年 12 月起，山东海逸利用改性固化赤泥路用材料，建设高速公路、国省干线、市政道路、县乡道路、港口码头、厂矿货场等。重点建成的赤泥运行项目包含 100 万吨/年改性固化赤泥路用材料项目、5 万吨/年赤泥基胶凝材料项目。表 4-1 为改性固化赤泥推广应用工程。图 4-10～图 4-14 为赤泥推广应用工程案例。

表 4-1 改性固化赤泥推广应用工程详表

序号	项目名称	实施规模	赤泥用量（吨）
	合计	26748 米/218500 平方米	480052
1	滨州北海静脉产业园赤泥试验道路	150 米	2100
2	济青高速改扩建赤泥路基试验道路	300 米	3500
3	淄博市政道路东一路赤泥路基项目	730 米	6700
4	滨州北海市政路网一期赤泥路用项目	3300 米	75000
5	交通运输部济青高速赤泥路用推广工程	5000 米	26000
6	山东魏桥 20 万吨石膏粉厂区道路项目	500 米	5800
7	中铝齐鲁工业园铝基新材料产业赤泥道路	800 米	7200
8	淄博国道 309 邹平段赤泥基层项目	200 米	2800
9	龙口南山铝业赤泥回填港口工程前期试验场	200 平方米	180
10	聊城市茌平周庄村环村南路赤泥公路项目	198 米	1300
11	河南省平顶山市农村赤泥基层工程	200 米	780
12	贵州省清镇市贵黔高速连接线赤泥基层工程	300 米	3200
13	滨州宏通资源综合利用公司三车间厂区道路	500 米	6300
14	山东魏桥海逸环保科技有限公司厂区道路	150 米	1400
15	邹平伊文华源金属科技公司赤泥厂上坝坡道	700 米	7800

续表

序号	项目名称	实施规模	赤泥用量（吨）
16	山东魏桥快刻环保科技公司成品仓储区	2700 平方米	3500
17	魏桥铝电有限公司赤泥球团项目厂房	2000 平方米	2600
18	滨州北海汇宏新材料有限公司厂区道路	1000 米	6000
19	山西华兴铝业赤泥路基试验道路	200 平方米	210
20	中铝广西分公司赤泥干堆场改性赤泥道路	2000 平方米	2100
21	山东魏桥海逸环保科技有限公司厂区道路	1200 米	27000
22	滨州市北海信和新材料有限公司厂区道路	3000 米	30000
23	邹平伊文华源金属科技公司厂区道路	100 米	400
24	邹平县汇茂新材料科技公司厂区道路	2000 平方米	1600
25	邹平县汇才新材料科技公司厂区道路	2000 米	10000
26	沾化魏桥港口物流公司一期码头道路堆场	90000 平方米	100000
27	滨州北海经济开发区铁路专用线工程	2700 米	26000
28	北海汇宏新材料赤泥堆厂上下坝坡道	900 米	12226
29	沾化魏桥物流码头一期后方堆场	14000 平方米	8085
30	北海信和新材料赤泥堆厂上下坝坡道	900 米	1560
31	北海汇宏新材料氧化铝堆站	10000 平方米	3621
32	北海魏桥铁路工程运煤道路	1000 米	5790
33	龙口市城西头村道路提档升级工程	920 米	2500
34	无棣创业港口有限公司码头疏港新建道路	30000 平方米	27000
35	龙口市裕龙岛炼化一体化项目赤泥试验路	4000 平方米	7200
36	重庆南川先锋氧化铝赤泥路基与基层试验路	1400 平方米	2600
37	滨化码头疏港新建道路赤泥路基项目	60000 平方米	50000

图 4-10　济青高速改扩建工程邹平段

图 4-11　烟台裕龙岛园区路

图 4-12　重庆南川工业园区路

图 4-13　贵州犁倭高速连接线

图 4-14　沾化魏桥码头货场

（2）中铝广西分公司平果赤泥建设路段。

中铝广西分公司在长湾屯建设了一条长为 1500 米，路面宽 7 米，公路等级为二级公路的试验路段。路面基层采用赤泥基稳定碎石层，厚度 20 厘米；在稳定基层上表面和侧面进行 1 厘米厚沥青封油层防护；路面面层采用 C30 赤泥基混凝土，厚度 30 厘米。图 4-15 为广西平果赤泥示范路段。

（3）山西阳泉国道赤泥示范路段。

以赤泥、粉煤灰、煤矸石为主要原材料制备的赤泥路基材料在山西省阳泉市 207 国道、宁波北路的试验路段投入使用已超过 3 年，质量良好、稳定；赤泥基水稳层材料在山西省 239 国道、214 国道等进行工程应用，车流量为 500～600 台/小时（重载车居多），各项指标均达标。图 4-16 为山西阳泉国道赤泥示范路段。

图 4-15　广西平果赤泥示范路段

图 4-16　山西阳泉国道赤泥示范路段

2. 制备路用构件

某公司利用赤泥作为主要原料，制备道路附属设施中的混凝土路沿石、边坡、挡墙、边沟护砌等混凝土预制构件，目前处于中试试验阶段。图 4-17 为水泥混凝土路沿石及赤泥基混凝土路沿石。图 4-18 为赤泥边沟护砌、护岸材料。

图 4-17 水泥混凝土路沿石及赤泥基混凝土路沿石

图 4-18 赤泥边沟护砌、护岸材料

四、赤泥 + 粉体

（一）主要特点

1. 应用前景好

随着塑料行业的发展，粉体填料的需求量进一步增加，特别是矿物填料属于不可再生资源、较为紧缺，粉体填料的需求量必将进一步增大，其市场不容忽视。

赤泥主要化学成分为 Fe_2O_3、CaO、Al_2O_3、SiO_2、Na_2O 等，颗粒比表面积较大，表面活性较高，且具有多孔的微结构特征，能够替代部分重质碳酸钙充当塑料填料。

2. 应用范围广

赤泥粉体能够用于橡塑填料、沥青填料以及功能填料等方向，制备系列产品，如橡塑托盘、橡塑板材、管材、木塑栏杆、园林建设、公共设施、抑爆功能材料等。

3. 粉体性能优异

基于赤泥本身的物理及化学性质，碱性组分能够抑制塑料的热分解，提升耐久性能；较高的热分解吸收热量能够提升橡塑材料的阻燃性能；较小的颗粒粒径及表面多孔结构能够更好地与PVC、PP等基体结合，提升力学性能；优异的流动性能使得橡塑具有良好的加工性能，减少生产过程中的塑化时间。因此加工后的赤泥粉体可作为粉体填料领域性能优越的替代性功能填料。图4-19为赤泥粉体作填充材料的优点。

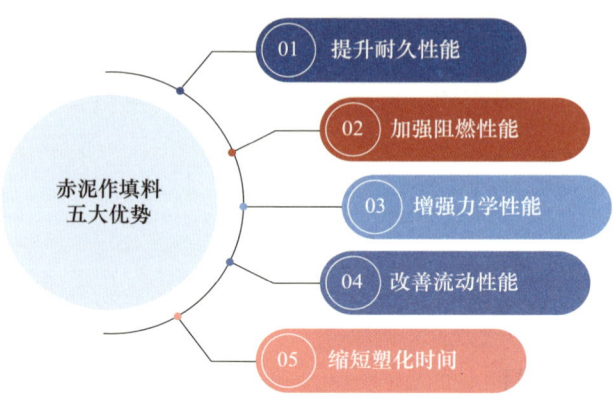

图4-19　赤泥粉体作填充材料的优点

（二）攻关及发展方向

1. 干燥、粉磨工艺研发

与赤泥在建材行业的应用相似，干燥和粉磨也是赤泥在粉体填料领域中利用的关键一步。如何大规模低成本地制备合格的赤泥粉体填料，是赤泥在粉体材料领域应用的关键技术难题。应着重研发赤泥低成本大规模干燥、粉磨装置设备及工艺技术，降低生产成本。

2. 多样化产品研发

由于赤泥本身铁含量高，用作粉体填料后产品多为红色，颜色类型较为单一。一旦进行大规模的工业生产，单一颜色产品难以完全靠市场销售，市场容量有限，应从颜色、样式等方面开发赤泥多样化产品，培育用户审美。积极开辟下游应用市场，寻求政府支持，在相同产品质量标准的前提下，用于市政广场、人行道、车站等市政工程。

（三）典型应用案例

1. 赤泥分质提取粉体材料

中铝山东有限公司赤泥基 Si-Al-Fe-Na "中国红" 复合材料技术体系。目前中铝山东建设有年处理 50 万吨赤泥示范项目，年生产产能硅铁粉 25 万吨、硅铝粉 15 万吨、赤泥基土 10 万吨。2023 年赤泥减排 45 万吨。图 4-20 为中铝山东赤泥粉体材料项目。

图 4-20　中铝山东赤泥粉体材料项目

2. 赤泥制备橡塑填料

中铝中州铝业有限公司利用赤泥制备改性填料，用于替代目前使用较广的碳酸钙，制备聚氯乙烯建材、型材、板材等产品。目前，已完成基础性试验及工业中试研发。图 4-21 为制备赤泥注塑托盘。

 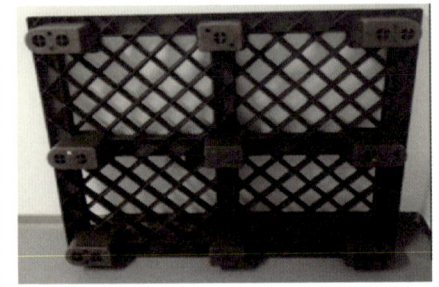

图 4-21　制备赤泥注塑托盘

3. 赤泥制备橡塑硬制品

（1）赤泥制备塑料板材。

赤泥制备塑料板材在建筑领域可用于墙体、屋顶的保温隔热材料，还能够制作塑料装饰材料，如隔断、门、窗等；在农业领域可用于温室大棚墙板；在广告行业领域能够用于制备广告牌、道路标志、广告灯箱等；在化工领域能够用于制备塑料箱、冲压板、垫板、边封条等。目前尚未得到大规模工业应用，多处于试验阶段。图 4-22 为赤泥生产 PVC 塑料板材。

（2）赤泥制备塑料管材。

赤泥粉体制备塑料管材可适用于排废管道，如废水排放管道、废气排放管道，也可充当化学品和危险品的运输管道。目前尚未得到大规模工业应用，多处于试验阶段。图 4-23 为赤泥制备塑料管材。

图 4-22 赤泥生产 PVC 塑料板材

图 4-23 赤泥制备塑料管材

（3）赤泥制备园林、公共设施。据悉，上海外滩采用赤泥复合材料的栏杆扶手应用已超 5 年，公园廊道和亭子也采用赤泥复合材料。目前尚未得到大规模工业应用，多处于试验阶段。图 4-24 为赤泥木塑材料的应用。

图 4-24 赤泥木塑材料的应用

五、赤泥 + 其他

新的赤泥综合利用技术，如赤泥制备净水剂、制备脱硫剂、脱碱、制备回填材料、土壤修复等综合利用技术，具有较大的应用前景和应用潜力，已初步建立相关中试试验线或生产线，也是赤泥大规模消纳的方向之一。

（一）赤泥制备复合净水剂

中铝山东有限公司 5 万吨赤泥复合净水剂生产项目（图 4-25）。该项目对赤泥进行预处理后，加入调整助剂，再通过一系列物理、化学工艺，制备得到聚合氯化铝铁复合净水剂产品。

图 4-25　中铝山东 5 万吨赤泥复合净水剂生产项目

（二）赤泥制备复合脱硫剂

中铝郑州有色金属研究院进行了拜耳法赤泥脱硫中试试验，将拜耳法赤泥进行浆化预处理，配制成一定浓度的赤泥浆后，打入吸收塔的底部反应池，并引入燃煤锅炉烟气，在塔内与喷淋的赤泥浆进行逆流接触反应脱除 SO_2。在脱硫过程中，当循环达到一定程度，能够排出失效料浆，补充新鲜赤泥浆，同时对失效赤泥浆进行压滤，压滤滤液可循环使用，与原赤泥配成新鲜赤泥料浆重新泵送到塔内进行脱硫。图 4-26 为拜耳法赤泥用于 5 吨/时燃煤锅炉烟气脱硫试验现场。

图 4-26　拜耳法赤泥用于 5 吨/时燃煤锅炉烟气脱硫试验现场

（三）赤泥脱碱技术

1. 低碳脱碱技术

东北大学联合东北大学设计研究院（有限公司），2023 年在山东创源新材料科技有限公司建设了全球首条年处理规模10万吨级赤泥的低碳脱碱工程示范线，赤泥碱回收率大于90%，氧化铝回收率大于60%；处理后赤泥尾渣 Na_2O 含量降至0.5%以下。

2. 电石渣处理赤泥项目

中铝云南文山铝业有限公司5万吨/年赤泥回收碱项目。文山铝业自主研发电石渣高效回收赤泥中的氧化钠工艺技术，将赤泥中氧化钠含量从7.5%降至1.2%，碱回收量超过5000吨/月，减少赤泥排放2%。

3. 碱石灰烧结法处理赤泥项目

国电投山西铝业有限公司碱石灰烧结法处理拜耳法赤泥生产线，每年可处理拜耳法赤泥约110万吨，2009年建成开始试车，2010年4月调试成功，目前该生产线每年回收赤泥中氧化铝20万吨、碱11万吨；已累计处理拜耳法赤泥约1350万立方米。

（四）赤泥堆场原位修复

1. 赤泥堆场原位生态修复工程示范项目

中铝郑州有色金属研究院采用自主研发的多产业固废协同和微生物耦合土壤化调控技术，在中铝矿业有限公司完成10万吨/年赤泥堆场原位生态修复工程示范（图4-27）。2023年，赤泥土壤化生态修复应用面积约6.5万平方米，示范区内植被覆盖率达到95%以上。

2. 赤泥土壤化项目

锦江集团广西田东锦鑫化工有限公司2021年启动了"脱碱赤泥在赤泥坝护坡及复垦中的中试研究"项目，旨在通过技术创新推动赤泥的土壤化进程，进而实现赤泥堆场的生态修复。

图 4-27　10 万吨赤泥堆场原位生态修复工程示范

目前，已成功在赤泥坝护坡区域实施了规模为 900 平方米的草类作物土壤化种植试验，以及覆盖面积达 2 万平方米的经济作物土壤化种植试验，图 4-28～图 4-31 为脱碱赤泥种植试验区各类草类作物生长情况。整个试验过程中，累计消耗了 2 万吨经过脱碱处理的赤泥。

图 4-28　赤泥脱碱护坡草皮生长情况

图 4-29　赤泥脱碱护坡茅草生长情况

图 4-30　赤泥脱碱护坡狗牙根生长情况

图 4-31　赤泥脱碱复垦经济作物生长情况

第五章　服务体系

赤泥大规模低成本绿色发展产业尚处于起步阶段，需要汇聚各方力量，政府、协会共同推动，氧化铝企业、利废企业、科研院所、相关产业等合作参与，从信息支撑、政策支持、科技创新、标准体系、产业融合等诸多方面，搭建立体综合的服务体系，合力推动产业从发展走向成长、成熟。

一、服务体系建设

中国赤泥利用率曾长期在6%~7%这一范围内徘徊不前，到2023年年消纳量突破千万吨、年利用率近10%，特别是有些企业利用率已超30%，这一改变需要优质高效的服务体系支撑。

（一）平台搭建

协会、重点企业以及地方政府，成立专门机构专职负责赤泥综合利用。

协会：2021年9月，协会成立赤泥综合利用推进办公室，专门负责推进赤泥绿色利用工作，以精准服务政府、精心服务行业、贴心服务企业为原则，促进国内外科技交流和新技术、新装备、新产品的应用推广。如今，赤泥推进办已基本形成基础信息统计、行业动态跟踪、政策标准研究、人才队伍建设、国际交流合作等功能。

重点企业：中铝集团成立赤泥综合利用技术中心，在企业内部搭建科技创新、技术交流、成果转化的协同攻坚平台，通过"揭榜挂帅""双赛马"等机制，实施了一批共性关键技术攻关，同时借助"外脑"，与中国环境科学研究院、中南大学、武汉理工大学等20余家科研院所和高校加强合作，联合开展共性技术攻关。中铝中州铝业获批成立焦作市赤泥综合利用产业研究院，汇聚河南大学、中铝智能、郑州研究院等优势科研力量，旨在打造"基础研究—技术攻关—技术应用—成果产业化"四位一体、相辅相成的赤泥综合利用科技创新链、产业链、供应链，推动赤泥由"无害化处置"向"绿色低碳高值化利用"转变。

地方政府：山东省成立由淄博市多政府部门、中铝山东有限公司组成的淄博市赤泥综合利用工作专班，建立定期会商、调度、联动等工作机制，推进钢铁和氧化铝行业协同利用赤泥工作。广西壮族自治区成立由多部门组成的赤泥综合利用工作专班，建立了协调机制，建设了大宗固废综合利用公共服务平台，制订了《赤泥综合利用工作方案》。贵州省对赤泥综合利用进行专项资金支持；贵阳市设立了赤泥综合利用研究院，引入贵州大学、贵阳铝镁设计研究院等高校及科研院所的人才资源，组建政产学研平台，积极攻克赤泥无害化处理和规模化利用难题；贵阳市清镇市成立了由多部门、企业组成的赤泥综合利用试点项目推进工作专班，搭建了赤泥综合利用创新平台。

（二）信息建设

赤泥相关产生、利用、技术、装备、研发等基础数据是推动赤泥工作的基础和依据，通过信息收集整理，规范统一口径和认识，可以有效集聚资源，节约成本，提高效率。

赤泥数据库。协会赤泥办成立后，通过大量的信息收集、调研考察和座谈等，首次开始统计国内赤泥相关信息，建立了目前国内唯一赤泥数据库。摸清了国内赤泥库的位置、数量、设计堆存量、剩余库容等，基本盘清了国内赤泥存量数据；定期统计分析国内53家氧化铝企业赤泥的排放量、利用量，规范了赤泥数据的计算方法，计算分析赤泥的产生率、利用率等；统计收集国内外赤泥综合利用项目信息，包括运行项目、建设项目及研究类项目等。同时，数据库也收集整理国家赤泥相关政策、标准、规范等。

赤泥绿色发展研究。协会赤泥办成立后，从2021年开始，每年编制赤泥绿色发展报告，提供国家部委、相关企业和科研院所等参考和借鉴。报告内容包括我国赤泥产生和利用、政策法规、标准体系、专利成果、应用领域、典型技术、典型模式等基本情况，并对未来发展提出相关建议。发展报告每年结合实际，进行调整和完善，突出重点，特色鲜明。

赤泥产业发展咨询。协会利用建立的数据库信息和行业信息，根据政府、企业的需求，开展针对性的咨询服务，提供政策制定依据，赤泥发展现状及建议等。针对赤泥利用技术和方向，研究形成《大规模低成本消纳赤泥的方向》，首次推荐了钢铝联合协同消纳的思路和建议；针对黄河流域生态保护需求，完成了《黄河流域赤泥绿色利用研究报告》。

国内国际跨界交流。赤泥综合利用是全球性难题，不仅涉及有色行业上下游，还需要联合钢铁、建材、交通、化工、农业等多行业跨界协同，不仅涉及企业、院所，还需要政府、协会等支持。自2022年开始，协会和国际铝协联合，在中铝集团和力拓集团的支持下，每年组织赤泥发展国际论坛，邀请国内外知名专家学者、国家相关部委和地方政府、典型排废利废企业、国内外新闻媒体等，深化交流扩大共识，论坛首次召开反响强烈。赤泥推进办每年还会不定期举办赤泥绿色发展报告发布会、重点区域专题研讨会等，汇聚行业智慧，搭建产业联盟，共享产业资源。图 5-1 为 2023 赤泥绿色利用国际论坛。

图 5-1　2023 赤泥绿色利用国际论坛

（三）政策支持

"十四五"以来，相关政策法规逐步完善，发布了一系列与赤泥等大宗固废综合利用相关的政策和措施。

环境保护政策。部分地方政府探索了生态补偿机制，如广西壮族自治区生态环境厅与广西壮族自治区自然资源厅制定的《广西壮族自治区赤泥自然生态空间占用补偿金征收办法》（征求意见稿）中提出对超过赤泥年度产生量的企业收取补偿金，从源头上倒逼企业实现赤泥减量和资源化。

资源综合利用政策。国家工业和信息化部等四部门发布《国家工业资源综合利用先进适用工艺技术设备目录（2023年版）》提出新型陶粒高效烧结设备及工艺技术、赤泥分质降碱工艺技术、烧结法配置工艺技术；山东、山西、河南、广西等省份工业和信息化厅也陆续发布相关文件，指出要支持赤泥综合利用技术研发，推进赤泥规模化、高值化利用；广西壮族自治区百色市制定《百色市赤泥综合利用工作方案》，明确赤泥综合利用总体目标和重点任务。

循环经济政策。财政部等部门发布的《资源综合利用企业所得税优惠目录（2021年版）》《资源综合利用产品和劳务增值税优惠目录（2022年版）》对企业利用赤泥生产的税收优惠产品进行了初步划分。

科技创新政策。山东省成立赤泥综合利用专班，并由工业和信息化厅组织召开现场会议，推动赤泥综合利用发展；广西壮族自治区百色市科学技术局印发《关于下达2023年中央引导地方科技发展资金项目的通知》（百科字〔2023〕4号），由百色学院牵头建设的赤泥资源化综合利用绿色技术协同创新中心获得2023年中央引导地方科技发展资金项目100万元支持；广西壮族自治区生态环境厅组织申报地方标准《赤泥路用环境污染防控技术规范》获得立项，推进地方标准《赤泥堆场原位生态修复技术规范》编制。

（四）人才和科技驱动

人才和科技"双轮"驱动，是产业发展的强大动力和不二法则。

搭建赤泥人才"朋友圈"。协会赤泥办成立以来，首次通过搭建"朋友圈"，吸引国内外从事赤泥相关研究、开发、利用等涉及有色、钢铁、建材、金融等行业，来自企业集团、高等院校、科研院所等的学者、教授、专家、研究员、各层级的技术和生产运行人员等，如中铝集团、魏桥集团、锦江集团、南山集团等有色企业，又如北京建工、宝武集团、中国建筑等跨界企业，以及中南大学、北京科技大学、中国地质大学、东北大学等大专院校，随着行业影响力的扩大，"朋友圈"不断壮大。

组建赤泥综合利用智囊团。协会牵头组织了赤泥专家团队，参与国家相关政策的研究讨论，如受工业和信息化部委托，组织开展了赤泥综合利用政策研究与三年行动方案编制，已完成报告审核待印发等；参与国家重点赤泥研发计划，如科技部国家重大专项"铝土矿拜耳法溶出赤泥源头减量技术及大规模示范"和工业和信息化部赤泥综合利用重点示范项目的攻关和服务；协会组织的联合攻关项目的筛选评审和认定；赤泥综合利用的技术规范和标准的制定修订等。图 5-2 为《赤泥综合利用政策研究与行动计划》编制工作启动会。图 5-3 为赤泥基复合材料地表回填技术与环境风险评价专家评审会。

图 5-2 《赤泥综合利用政策研究与行动计划》编制工作启动会

图 5-3　赤泥基复合材料地表回填技术与环境风险评价专家评审会

组织联合攻关。为减少分散性、重复性研究，加快成果转化和共享，协会组织推动示范项目建设，首次以"揭榜挂帅"联合攻关的方式创新服务模式，通过宣传发动、项目征集、论证申报、评审公布等程序，组织启动了首批赤泥综合利用项目联合攻关，共筛选出 7 个项目，已签订任务书，正在推进落实，图 5-4 为赤泥专家论证会。

图 5-4　赤泥专家论证会

专利标准完善。目前协会已发布行业、地方、团体标准共12项，其中近三年6项、占比50%，2023年协会提出的《赤泥综合利用通用技术规范》《软土固化用赤泥基胶凝材料》2项团体标准讨论稿已发布，待论证、公示和立项。专利数量大幅度增长，2023年赤泥直接相关授权专利新增59项，同比增长37.2%。

（五）氛围营造

"中国赤泥综合利用"公众号。在微信平台，首次利用新媒体工具"中国赤泥综合利用"公众号，系统传播赤泥知识，宣传赤泥绿色发展，截至2023年年底公众号累计发表赤泥绿色利用相关署名文章73篇，吸引粉丝超过1700多名、单篇新闻点击率超过3200次。

新闻媒体关注。赤泥绿色利用工作得到新华社、经济日报社、中国有色金属报社、中国环境报社、中国工业报社、中国冶金报社、中国建材报社、中国铝业报社、《资源再生》杂志社、《中国有色金属》杂志社等新闻媒体关注、刊发与转载30篇，其中新华社5篇、经济日报3篇，营造了社会氛围，提升了行业认知。

二、典型地区服务体系进展

（一）山东省淄博市

中铝山东有限公司位于山东省淄博市，是我国第一个氧化铝工业基地，被誉为"中国铝工业的摇篮"。淄博市赤泥全部由中铝山东有限公司氧化铝生产线产生，截至2022年年底，堆存量达到7905.82万吨，长期露天堆存对环境质量改善及周边群众生产生活造成极大影响。为切实解决这一问题，淄博市从政策制定入手，先后布局谋划了一系列有针对性的举措，倒逼加速赤泥资源化综合利用开发探索。

1. 建立赤泥综合利用长效机制

成立由淄博市工业和信息化、生态环境、发展改革、科技等部门及淄博经济开发区、中铝山东有限公司组成的淄博市赤泥综合利用工作专班，明确了定期会商、调度、联动等配套工作机制。

2. 科学制定赤泥消减计划

以"无废城市"建设为抓手，印发实施了《淄博市"无废城市"建设实施方案》，编制《淄博市"十四五"工业固体废物污染环境防治工作规划》，印发《关于加快推进淄博市工业资源综合利用基础建设的实施意见（2021—2025年）》，为打造固体废物综合利用产业链、推动赤泥的资源化利用创造了良好的政策环境。

3. 大力畅通环评绿色审批通道

对切实可行的赤泥资源化利用项目，用最快速度、最短时间进行评估、审核、批复，确保项目尽快落地运行。近年来，淄博市已先后审批淄博天之润生态科技有限公司固废综合利用项目、中铝山东高铁赤泥大规模分质利用项目、山东山铝环境新材料公司赤泥综合利用项目及山东高速环保建材有限公司赤泥综合利用技术产业化示范项目并已投入运行。

（二）广西壮族自治区百色市

百色市是广西铝产业集聚程度最高的地区，当地氧化铝企业主要使用广西本地矿及国外进口矿，产生赤泥具有中高铁含量的典型特征。各赤泥利用企业因地制宜研发赤泥综合利用技术，已形成了以赤泥选铁为主，赤泥材料化等其他方式为辅的利用模式。表5-1为2023年百色市赤泥利用途径及利用量。

表 5-1　2023 年百色市赤泥利用途径及利用量　　单位：万吨

利用路径	提铁	提镓	制备水泥	制备造渣剂	高钙铝矿	其他建筑材料	总计
利用量	155.46	0.02	18.39	2	16	59.48	251.33

1. 形成工作机制

为推动赤泥综合利用工作，百色市印发《赤泥综合利用工作方案》，成立赤泥综合利用工作专班、建立部门协调机制、完善资源综合利用税收优惠政策、建设大宗固废综合利用公共服务平台；百色学院建立"生态铝绿色重点实验室"。多举措推动赤泥综合利用，因地制宜应用赤泥制备水泥、赤泥磁选铁、赤泥用作路基材料、赤泥加工成新型高效冶炼辅料等多种先进技术，拓宽赤泥综合利用路径。

2. 打造营商环境

百色市委、市政府践行"马上就办"的服务宗旨；坚持"政策为大、项目为王、环境为本、创新为要"的工作方针；建立"周走访、月调度、季推进、年观摩"的工作机制；建立"一个项目、一名领导、一个专班、一个方案、一抓到底"的招商引资项目服务工作机制；聚焦新型生态铝、现代林业、新能源和新材料"四大主导产业"，加快构建现代化产业体系，切实推动产业高质量发展。

3. 上下游协同联动

百色市积极推进技术攻关，组织企业、科研院所、高等院校组成"产学研用"技术攻关团队，探索赤泥多途径、多渠道综合利用技术模式；氧化铝企业引入合作机制，联合利废企业共同利用赤泥，参与行业标准编制，推动赤泥利用示范工程建设。

第六章 展　望

2023年，赤泥综合利用首次突破了1000万吨的关口，成效显著，未来可期。下一步，我们还需要进一步统一思想，凝聚共识，合力推动三大体系建设，按照减量化、资源化、无害化的要求，开展赤泥大规模低成本绿色利用，力争赤泥综合利用量以更快的步伐实现从第一个1000万吨到第二个1000万吨的突破。

一、推动产品提质增量，不断丰富产品体系

（一）加强赤泥源头处置

探索优化氧化铝生产工艺，开发非石灰拜耳法溶出技术、赤泥形成过程铁硅矿物差异化结晶解离技术等，推动源头减少赤泥产生；进一步强化生产过程管理，做好矿石均质化，提升赤泥成分稳定性；研发赤泥在线降碱技术；对新老赤泥做好分质分类堆存处置，为下游利用创造便利条件。

（二）开展关键技术攻关

设计研发赤泥干化、筛分等技术装备，研发压滤、压榨、风干等无热干化工艺，进一步降低赤泥烘干、粉磨成本；探索研发

低温磁化焙烧、还原熔炼、液相还原、矿浆电解等工艺进行提铁，提升赤泥铁元素回收率；加快研究低成本赤泥基路用材料固化、激发助剂等。

（三）开辟丰富应用市场

围绕钢铁、建材、交通、市政、矿山建设等重点行业需求，推动赤泥综合利用产品研发；打通产品应用关键流程，建立标准生产技术规程规范，开展产品试点应用，寻求市场机会，进行应用迭代。

二、推动行业跨界融合，不断完善产业体系

（一）开展跨行业交流合作

推动氧化铝企业、赤泥综合利用企业与钢铁、化工、建材、交通等赤泥综合利用产品应用的重点行业企业加强合作，建立协作机制，推动后端综合利用产品使用需求向前端赤泥产生、中端赤泥综合利用产品生产等环节延伸。

（二）建设示范利用项目

加强产学研用，联合开展技术、设备、工艺研究，在重点应用领域扩大建设典型示范工程，建立赤泥综合利用产业园，形成推广产业链。通过以下六个方面推动赤泥产业体系跨行业协同联动整合：氧化铝企业自身建设发展一批赤泥综合利用项目；粉煤灰、脱硫石膏等固废利用企业拓展一批赤泥综合利用项目；已有赤泥利用企业稳定壮大一批赤泥综合利用项目；钢铁、建材等原有工业供应链环节企业转型开展一批赤泥绿色利用项目；高科技

企业参与生产或建设一批赤泥综合利用项目；通过政策鼓励社会资本投资一批赤泥综合利用项目。

三、政府协会积极引领，不断提升服务体系

（一）实施差异化专项政策

基于赤泥作为复杂难用固废的特殊性，采取适应赤泥利用特点的特殊方法和策略措施，制定实施在一定期限内差异化、针对性更强的专项扶持政策；针对新型赤泥综合利用产品，适时更新《资源综合利用企业所得税优惠目录》《资源综合利用产品和劳务增值税优惠目录》，给予税收优惠补贴；在符合各项标准的前提下，在市政工程、道路工程等国家项目中优先应用赤泥综合利用产品。

（二）丰富产品标准体系

聚焦赤泥综合利用的五大领域，丰富完善赤泥利用过程中涉及的产品标准、施工标准、环境监测标准等。制定具有行业指导引领作用，上下游产业链相互贯通，紧密链接的赤泥综合利用标准体系。

（三）深化国际交流合作

创新宣传模式，系统利用媒体工具进行行业宣传策划，从重点企业、重点领域进展，重要研究成果，典型模式经验，工艺技术等方面，加大赤泥产品无害化、环保化知识的普及教育、宣传推广、示范引导力度；定期组织行业会议及相关活动，宣传贯彻产业政策，增进行业共识，树立行业信心；牵头开展国际赤泥综合利用标准，共同促进标准体系研究，深化国际交流合作，促进国际技术交流和成果转化。

第七章 部分示范企业展示

一、中铝山东有限公司

中铝山东有限公司（以下简称中铝山东）现采用拜耳法、烧结法两套流程生产氧化铝，每年新增排放赤泥近300万吨，堆存仍然是当前赤泥处置的主要方式。赤泥堆存已成为企业持续、健康发展的瓶颈。中铝山东为解决赤泥问题，在1958年就专门建设了水泥厂，通过掺加赤泥作为生产普通硅酸盐水泥，目前水泥产能是300万吨。

中铝山东当下主要矛盾是减排。针对规模化协同利用，中铝山东重点建立销研产一体化运行模式，围绕钢铁、铝、建陶、水泥、道路等行业的市场导向进行赤泥基产品的布局。强化技术营销，规划产品类型、开展产品研发。以市场需求为导向先后在钢铁行业开发硅铁粉（45、40、40-）产品，在普通硅酸盐产业开发高铁低钠赤泥基干土，在特种胶凝材料产业开发低铁低钠赤泥基干土材料，在土木胶凝材料产业开发低水分赤泥基干土材料，开发了低铁硅铝粉满足烧结法氧化铝原料需求，开发了均一化硅铝粉产品满足陶瓷原料的需求。

打造新型商业模式，分类分区域对待、建立上下游产业链，培育重点客户。充分发挥政府引导作用，探索建立企业、政府、城市开发投资公司"三位一体"的运行机制。目前在钢铁、水泥、建陶等行业已形成赤泥基产品，中铝山东企业标准10项，中铝企业标准3项，行业标准2项。实现赤泥不同产品在不同行业的协同利用。2024年已实现赤泥减排80余万吨。图7-1为中铝山东场区一角。

图 7-1　中铝山东场区一角

二、龙口东海氧化铝有限公司

（一）企业简介

龙口东海氧化铝有限公司（图7-2）隶属于南山集团，位于东海经济园区，滨临渤海湾，占地1600余亩（1亩≈666.67平方米，下同），建筑面积10.5万平方米，2003年8月经国家批准建设，年产能175万吨冶金级砂状氧化铝。公司是南山集团铝产业链"热电—氧化铝—电解铝—熔铸—铝型材/热轧、冷轧、箔轧/锻压—废铝回收（再生利用）"中的重要一环。

公司采用先进的拜耳法生产工艺，DCS自动化系统集中控制技术，技术装备达到国际先进、国内领先的水平，主要配备的进口设备200多台。为保障生产合格砂状氧化铝所引进的澳大利亚两段分解制取砂状氧化铝的工艺和有机物脱除技术，填补了国产氧化铝生产技术的2项空白。

公司主打产品为优质砂状氧化铝和氢氧化铝，产品远销韩国、日本、中国台湾，覆盖淄博、江苏、浙江、丹东等省市。同时根据下游产业需求，开发出了多种具有行业竞争力的氧化铝产品，产品各项指标均已达到国际一流水平，实现完全替代进口氧化铝粉。未来，公司将以优质氧化铝粉为依托，研究开发多品种氧化铝，形成以优质砂状产品为主，多品种氧化铝为辅的完整产品布局。图7-3为龙口东海氧化铝有限公司厂区一角。

（二）赤泥综合利用简介

2023年，公司年产赤泥172万吨，生产改性赤泥基路用材料消纳赤泥约5万吨，同时探究改性赤泥基充填材料矿坑修复应用研发。

第七章　部分示范企业展示

图 7-2　龙口东海氧化铝有限公司

图 7-3　龙口东海氧化铝有限公司厂区一角

2024年2月，公司与北京建工环境修复股份有限公司签订"改性赤泥基材料矿坑充填示范项目"战略合作协议，采用"化学协同脱碱+多固废资源协同利用+多功能稳定处理"的赤泥改性思路，利用氧化铝产业链产生的相关固废。改性后的赤泥物料环境安全，可作为矿山生态修复充填材料使用。同时基于北京建工环境修复股份有限公司在磷石膏综合利用项目中的工程经验，开发"多相混合、模块化、多功能"赤泥改性专用装备，以支持规模化的赤泥改性生产，保证改性后的赤泥性能稳定及环境指标达标。

三、山东海逸生态环境保护有限公司

（一）企业简介

山东海逸生态环境保护有限公司是一家致力于大宗工业固废资源化综合利用的科技型民营企业，山东省高新技术企业。公司位于济南市历下区，注册资本7000万元。2016年4月，山东海逸团队从滨州北海经济开发区扬帆起航，成立山东海逸交通科技有限公司，经过6年多的不断发展，公司已经建设完成了总占地面积70亩、建筑面积20000平方米的核心生产厂区，总投资超亿元。其中包括改性固化赤泥生产线、赤泥基胶凝材料生产线，并拥有环境工程微生物技术研究中心、滨州市企业技术中心等科研平台，形成300万吨/年赤泥综合利用能力。2018年11月，公司根据发展需要做出战略调整，在省会济南成立总部公司——山东海逸生态环境保护有限公司，其下辖山东海逸交通科技有限公司、山东海逸博通环保工程有限公司等权属公司，权属公司分布在济南、滨州、淄博、烟台、贵州等地区。

公司团队经过持续不断的科学攻关，形成了以铝工业固废（赤泥）利用为主体，微生物诱导碳酸盐矿化固碳脱碱技术为核心，多源固废协同处置与产业化利用为途径，特色鲜明的系统性科研成果。科研成果突破了大宗工业固废低成本大规模产业化利用的技术瓶颈，将具有一定污染性的赤泥、石膏等固体废物转化为绿色环保、优质可靠的工程填筑材料、功能性胶凝材料等，广泛应用于公路、港口、建筑、矿山等工程建设。其技术产品入选山东省重点节能技术产品推广目录，并通过山东省住房和城乡建设厅的技术成果鉴定，获得《山东省建设新技术产品推广证书》

（鲁建科〔2017〕010 号），被交通运输部列为绿色科技示范项目，被山东省交通运输厅列为省绿色交通省重点支撑项目等。

（二）赤泥综合利用简介

山东海逸生态环境保护有限公司形成的赤泥综合利用关键技术包括改性固化赤泥路用技术、微生物诱导碳酸盐沉积赤泥固碳脱碱矿化技术、赤泥基混凝土技术。设备主要包括赤泥改性固化处理生产路用材料整套设备，赤泥生产混凝土整套设备。目前重点赤泥运行项目有 100 万吨/年改性固化赤泥路用材料项目、5 万吨/年赤泥基胶凝材料项目。

山东海逸生态环境保护有限公司还与中国科学院、东南大学、山东科技大学形成了深度合作平台，与山东科技大学共建产学研基地与研究生培养基地。在赤泥综合利用方面形成了由国家级领军人才领衔，以博士、硕士为骨干，结构合理、充满活力的高层次人才创新团队。

四、广西田东锦鑫化工有限公司

（一）企业简介

广西田东锦鑫化工有限公司是开曼铝业（三门峡）有限公司在广西田东县注册成立的全资子公司，公司于 2007 年 12 月 20 日注册成立，2012 年 12 月建成投产。现建有两条生产线，采用国际先进的拜耳法生产工艺，生产冶金级砂状氧化铝，总建设产能为 220 万吨/年，其中氧化铝一期产能为 100 万吨/年，2023 年年初新增二期产能 120 万吨/年。公司主业为生产及销售氧化铝，涉及发电、煤气制造、矿山采掘等多个领域，注册资本 93000 万元，总占地面积 1500 余亩。公司建成投产以来就高度重视企业管理工作，坚持走管理强企之路，并获得 ISO 9001 质量管理体系认证、ISO 14001 环境管理体系认证、ISO 45001 职业健康安全管理体系认证、ISO 50001 能源管理体系认证、知识产权管理体系、安全生产标准化二级企业、高新技术企业、广西壮族自治区企业技术中心和广西壮族自治区绿色工厂等荣誉。

公司主要设备从德国、法国、荷兰、澳大利亚等国进口；拥有荧光分析仪、颗粒计数仪、离子色谱仪、原子吸收光谱仪、微波熔样器等先进检验检测设备；生产指挥系统采用浙江宁波捷创公司的 DCS 控制系统。公司还建有庞大的生产 ERP 系统及信息管理系统，集生产调度、控制、信息采集、管理于一体。产品物理指标符合国际通用标准。

（二）赤泥综合利用简介

公司大力投入经费进行赤泥综合利用技术研发，2023 年公司总投入技术研发经费1522万元，其中关于赤泥综合利用技术研发投入占72%。截至2023年年底，公司年产约249万吨赤泥。针对赤泥的综合利用，公司已开展多项项目，包括赤泥选铁、赤泥脱碱土壤化处理以及赤泥基助熔剂的研发等。其中，赤泥选铁项目已实现显著成效，年减排量达到25万吨，有效促进了环保与资源回收。赤泥土壤化项目已完成2万平方米的中试种植试验，消耗赤泥2万吨，未来赤泥土壤化项目每年可消耗赤泥约4万吨。赤泥基助熔剂等项目目前仍处于中试研究阶段，预示着未来在赤泥高效利用方面也将拥有更广阔的发展前景。

五、云南九州昊成环保科技集团有限公司

云南九州昊成环保科技集团有限公司是杭州汉和企业管理有限公司的控股企业，是赤泥选铁及其综合开发利用的重要参与者和推动者，属高新技术企业，拥有发明及实用新型专利40余项。旗下企业处理赤泥总量占国内年排放赤泥量的1/10，约为1500万吨/年，减排率居行业前列，2010以来累计赤泥减排量约1000万吨。集团主要由云南九州再生资源开发有限公司、广西东懋再生资源开发有限公司、广西诺兰德再生资源有限公司、山西诺兰德再生资源开发有限公司、云南九州昊成设备制造有限公司及广西九州新材料有限公司等组成。

2011年广西东懋400万吨/年选铁项目投产；2014年文山九州一期选铁项目投产；2015年承担云南省科技厅创新强省科技项目；2016年承担云南省科技厅关于赤泥综合利用关键技术研发项目并荣获云南省"高新科技企业"；2017年云南文山九州二期投产；2018年集团与中科院合作在文山九州建成悬浮磁化焙烧半工业模拟试验线；2019年集团建成九州设备制造工厂，研发制造适用于赤泥综合利用的专用设备；2020年广西东懋再生资源开发有限公司完成重大技术改革，增加了70米浓密系统，旋流脱泥系统和螺旋分离系统等配套设备；2021年成立广西诺兰德再生资源有限公司，是国内首个几内亚赤泥选铁精矿品位达到50%，减排率达到30%的工厂；2022年云南九州再生资源开发有限公司自主研发建成全世界第一条赤泥提取高铝钙生产线；2022年广西九州新材料

有限公司投产，主要从事选铁后赤泥尾矿再利用工作；2023年成立山西诺兰德再生资源开发有限公司，是集团布局华北地区的首个赤泥综合利用项目；2024年广西广投临港赤泥选铁项目部成立。

云南九州再生资源开发有限公司（图7-4），位于云南文山，年处理赤泥260万吨，占地面积70余亩，本项目采用磁选、重选、浮选相结合的生产工艺，提取赤泥铁精矿，提高了资源综合利用率，减少废弃物堆存对环境造成的影响，实现产业绿色健康发展。年产53°氧化铁粉39万吨，年产高铝钙材料13万吨，总减排率达20%。

图7-4　云南九州再生资源开发有限公司

广西东懋再生资源开发有限公司（图7-5），位于广西德保，项目占地71亩，年处理赤泥400万吨，采用磁选及重选工艺，将赤泥中的铁进行高效回收。公司目前拥有全国最大的浓密系统——70米浓密机，该系统采用新型柔性弧形底板，有利于加快沉降速度，降低生产成本。年产55°氧化铁粉70万吨，减排率17.5%。

第七章 部分示范企业展示

图 7-5　广西东懋再生资源开发有限公司

六、北京建工环境修复股份有限公司

（一）企业简介

北京建工环境修复股份有限公司隶属于中国企业 500 强的北京建工集团，是北京建工在节能环保板块培育的高新技术企业，入选国务院国资委"创建世界一流专精特新示范企业"。主营业务涵盖污染土壤与地下水修复，水环境、矿山、农田等生态修复，以及固废、危废的处置与循环利用。

作为国内首家专业化从事土壤修复的公司，自 2007 年成立以来，在我国土壤修复的历史进程中扮演着重要角色，一直保持着行业领先地位。2021 年 3 月公司在深交所创业板上市，成为国内环境修复综合服务第一股。

由北京建工牵头联合共建污染场地安全修复国家工程实验室，该实验室定位于场地污染过程模拟与修复工艺基础研究，污染场地安全修复技术、材料与装备研发，污染场地修复技术产业化与决策支持三大方向，支撑国家土壤污染防治战略任务实施。实验室技术委员会由资深院士领衔，汇聚行业权威专家团队，与国内外产业伙伴建立协作关系，致力于打造国际一流的环境修复产学研创新平台。

公司承担了 863 计划、水体污染控制与治理科技重大专项、"大气与土壤、地下水污染综合治理"重点专项等多项国家重大科研课题，累计获得省部级以上科技奖奖项 6 项，获得境内外 360 余项专利授权。参与制定《土壤环境质量建设用地土壤污染风险管控标准（试行）》（GB 36600—2018）等国标/行标 15 项；参与完成《磷石膏无害化处理后用于矿山废弃地生态修复回填技术规范》（T/KMSHJBHLHH 001—2022）、地方标准编制。公司完成"典型污染场地地下水污染防治关键技术研究与工程示范""污染土壤快速淋洗装备研制"课题研究，其中"钢铁冶炼场地重金属与多环芳烃复合污染土壤耦合修复技术研究与应用"成果鉴定达到国际领先水平。

公司围绕国家发展战略，业务覆盖全国 29 个省、区、市，完成和正在服务的环境修复项目达 300 余例，承接了国内多项标志性项目。公司在广西落地环境综合管理服务模式，在浙江成功实践棕地开发服务模式，在云南探索固废利用+矿山修复的"以废治废"模式等，已承接多个磷石膏综合利用项目，实现磷石膏综合利用量为 2980 万立方米。多项案例入选国家重点环境保护实用技术及示范工程名录，项目实施经验与服务能力在业内位列前茅。

（二）赤泥综合利用简介

为了突破赤泥在矿山修复中的应用技术壁垒，公司和龙口东海氧化铝有限公司合作，通过技术投入、研发创新，以赤泥在环境修复领域"安全化、大通量、低成本"综合利用为目标，采用"生物化学稳定、多固废协同"思路开展赤泥改性研究。经处理后，赤泥改性材料的酸碱度、可溶性盐、重金属溶出等指标均可满足相关环境管理要求，可用于矿山修复回填材料，使赤泥规模化综合利用具备基础条件。目前，研究团队对赤泥等原材料的表征、污染指标控制技术等方面开展了大量的研究，并分析论证了改性过程中发生的中和、离子交换、静电吸附、表面络合及共沉淀等反应机理，试验已取得显著进展。后续将进一步优化改性材料，并开展长期稳定性研究、现场中试试验和示范工程等工作，探索出一套赤泥综合利用和矿山生态恢复相结合的模式。